计算机系统设计方法学

历史-计算-数据-结构

刘宇航　包云岗　著

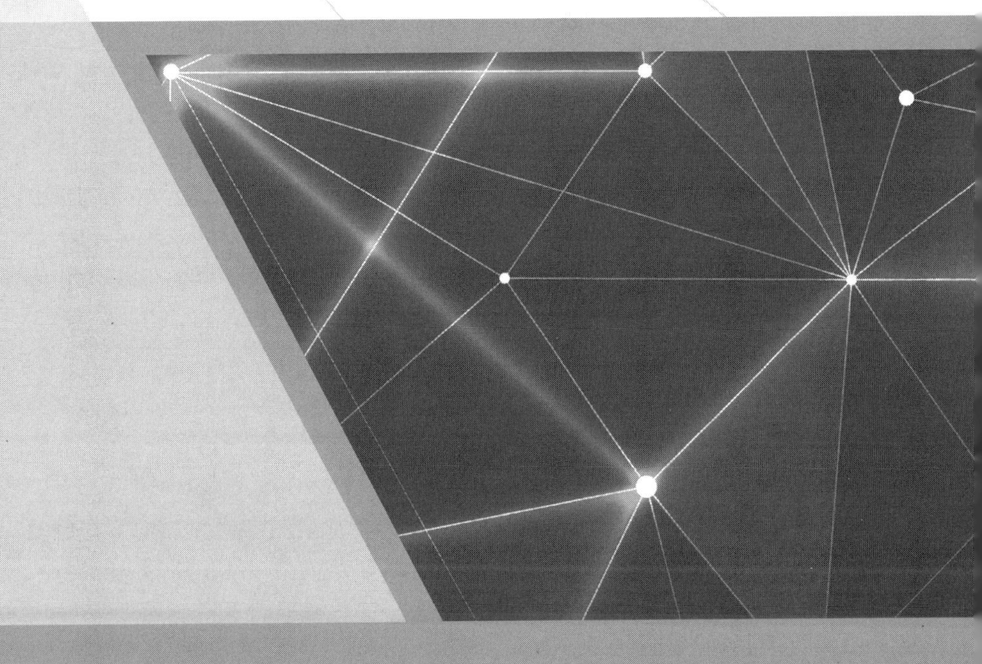

高等教育出版社·北京

图书在版编目(CIP)数据

计算机系统设计方法学 ：历史-计算-数据-结构 / 刘宇航,包云岗著. -- 北京：高等教育出版社，2022.4
ISBN 978-7-04-058437-0

Ⅰ.①计… Ⅱ.①刘… ②包… Ⅲ.①电子计算机-系统设计-方法 Ⅳ.①TP302.1

中国版本图书馆 CIP 数据核字(2022)第 046755 号

Jisuanji Xitong Sheji Fangfaxue Lishi Jisuan Shuju Jiegou

策划编辑 刘 英　　责任编辑 刘 英　　封面设计 李卫青　　版式设计 杨 树
责任校对 胡美萍　　责任印制 耿 轩

出版发行 高等教育出版社
社　　址 北京市西城区德外大街 4 号
邮政编码 100120
印　　刷 三河市宏图印务有限公司
开　　本 787 mm×1092 mm 1/16
印　　张 14
字　　数 270 千字
购书热线 010-58581118
咨询电话 400-810-0598

网　　址 http://www.hep.edu.cn
　　　　 http://www.hep.com.cn
网上订购 http://www.hepmall.com.cn
　　　　 http://www.hepmall.com
　　　　 http://www.hepmall.cn

版　　次 2022 年 4 月第 1 版
印　　次 2022 年 4 月第 1 次印刷
定　　价 69.00 元

物 料 号 58437-00

作者简介

刘宇航，中国科学院计算技术研究所副研究员，硕士生导师，研究方向为计算机体系结构、高性能计算、数据科学、存储系统、智能并发系统等。在国内外有影响的期刊和学术会议发表论文40余篇，多项关键技术实际落地应用到工业界一线芯片或系统。获中国科学院计算技术研究所“优秀研究人员”“卓越之星”等荣誉称号。担任中国科学院大学岗位副教授，中国科学院大学“一生一芯”计划指导教师，《中国计算机学会通讯》专栏作家，中国计算机学会高级会员。

包云岗，中国科学院计算技术研究所研究员，博士生导师，研究方向为计算机系统结构，包括数据中心体系结构、开源处理器芯片敏捷设计等。在国际顶级计算机系统会议、期刊发表了一系列论文。主持研制的多款原型系统达到国际先进水平，相关技术应用于工业界。担任中国科学院大学岗位教授，中国科学院大学“一生一芯”计划指导教师，主持研制了“香山”开源处理器。获2013年“CCF-Intel青年学者提升计划”及2019年“CCF-IEEE CS青年科学家奖”。

序　一

科学思维是一切科学研究和技术发展的创新灵魂。2006 年 3 月，时任美国卡内基·梅隆大学计算机科学系主任、ACM 和 IEEE 会士周以真(Jeannette M. Wing)教授在《美国计算机学会通讯》上提出计算思维的概念，产生了较大的影响。

多年来，我一直倡导计算思维，曾同周以真教授有过面对面的交流。之所以倡导计算思维，是因为在世界各国，包括我国和美国，计算机教育中存在一些问题。互联网的普及使计算机科学技术呈现了泛在化、大众化的趋势，计算机的易用性和技术的巨大进步，使很多人质疑大学计算机教育的必要性。很多人认为当前的芯片"卡脖子"问题仅仅是因为工艺制造问题，而不是体系结构设计问题。这些认识实际上都是由于不能准确完整地了解计算机学科的内涵。

大学计算机教育的意义不是让学生被动地接受关于计算机的知识，而是要培养和塑造能够主动创造知识的大脑。计算机系统设计方法学是关于计算机系统设计的思想和方法，将计算机系统设计方法学融入大学计算机教育是一种新尝试。

计算思维自提出已经过去了十几年。从计算技术的角度看，人类社会正处于多个新特征汇聚、迸发和叠加的新时代，并将持续相当长一段时期。存储墙问题日益严重，大容量、非结构化的大数据应用不断涌现，大规模分布式的资源共享带来了性能和用户体验的不确定性，新型存储介质层出不穷，新的计算模型如量子计算、DNA 计算等短期内难以产业化。这些新特征都需要与之适配的计算机系统设计方法学。

本书作者刘宇航、包云岗提出了"历史、计算、数据、结构"四位一体的计算机系统设计方法学，拓展和推广了计算思维。2009 年我在中科院计算所第一次见到刘宇航的时候，他还是一个埋头调试计算机电路的研究生，现在他已成长为一位稳重踏实、勤于思考的副研究员，开始指导研究生了。在计算思维被提出十几年后，很高兴地看到，我国学者在同一刊物上提出了四位一体设计方法学，更难能可贵的是，他们不辞辛劳将方法学详尽地以专著的形式出版，在更大的范围促进我国计算机体系结构设计领域的发展。

全书撰写认真严谨，注重思想性，用统一的视角重新审视各种具体工作，发掘它们之间的内在本质联系和统一性，对包括图灵和冯·诺依曼的大量原始文献进行了考证，提出了很多新观点和新理解。本书所提出的设计方法学将有助于教育者、研究者以及工程开发者更好地理解和设计新型计算机系统结构，适应新时代的挑战。

中国科学院院士
全国第一届高等学校教学名师
原教育部高等学校计算机基础课程教学指导委员会主任
陈国良

2020 年 12 月

序　二

人们常说：“授人以鱼，不如授人以渔”。也就是说，为他人提供现成的产品，不如教他人学会生产这些产品。向他人传授相关问题的知识，不如教他人学会解决该问题的方法。你正在阅读的这本书，既不是一章一章地讲授计算机系统结构的专业知识，也不是教你如何一步一步地设计一台简单的计算机，而是从思维模式的角度阐述计算机体系结构设计过程的规律，所以书名叫作《计算机系统设计方法学》。请注意，方法学（Methodology）比具体的方法高一个层次，是对设计方法的归纳与总结。历史上最早提出方法学概念的是哲学家笛卡尔，他于1637年出版了著名的哲学论著《方法论》，这本提出“化繁为简”方法的经典著作对西方人的思维方式有极大的影响，至今仍是科学研究的主要方法之一。

科研人员和工程师为什么要重视“方法学”？知识关注“是什么（Know what）”，方法学关注“怎么做（Know how）”，本质上是提高运用知识解决问题的能力。“知”的归宿是“行”，“知行合一”必须有解决问题的能力。我国的高等教育需要从传统意义上的素质教育转向能力教育，才能实现与新的产业革命的人才需求对接。一个人做事的能力很大程度上取决于他的思维模式，思维僵化、眼光狭窄的人很难具备做大事、做难事的能力。我国计算机界的科研水平逐年提高，但与计算机学科的开创者们相比，我国计算机学者在思维的高度、广度和深度上还有相当大的差距。本书通过对图灵、冯·诺依曼等大师心路历程的剖析，我们能够清楚地看到这方面的差距。在国际竞争日益激烈、科技界强调自立自强的今天，阅读这种令人脑洞大开的书，颇有裨益。

近几年国内许多学者在谈论和提倡计算思维，本书作者通过分析和归纳，认为计算机系统设计者除了应具有计算思维，还应具有历史思维、数据思维和结构思维，这种扩展是有道理的。与黑格尔提出的哲学就是哲学史一样，体系结构设计方法学就是体系结构设计史。今天的设计者必须了解计算机发展的历史，知道来龙去脉，才会融会贯通，推陈出新。数据是信息处理的对象，在数据倍增速度超过摩尔定律的时代，系统设计者必须了解大数据的特征和需求。结构决定性能、功耗以及安全等属性，结构化程序设计曾经是软件理论研究的主题，如今网络的出路也在结构化，结构思维必然是系统设计的主线。在历史、计算、数据、结构四个维度都能畅通地行走，才能成为一个有作为的计算机系统设计者。

一本讲思维规律的书，如果只有空洞的哲学教条，读起来可能索然无味。本书的两位作者刘宇航和包云岗，都是三四十岁的青年科学家，他们都工作在计算机系统设计研究的第一线。在这本书里，他们把具体的技术融入抽象的说理之中，既像学术专著一样精准，又像科普书一样生动。作者还将一些最前沿的学术进展嵌入到历史脉络的梳理之中，让读者穿越历史与未来，别有一番感触。一般的科普书为了照顾读者的广泛性，概念往往不够严谨，这本书特别重视概念的精确性，澄清了一些似是而非的模糊观念。例如，什么是算法、什么是计算方法、操作系统是不是算法、算法可不可以有随机性，等等，本书都有介绍。由于作者在计算机系统结构方面做过深入的研究，这本书不只是介绍他人的成果和观点，书中也阐述了作者自己的科研成果和标新立异的技术观念，比如，计算与数据的对称性，局部性是并发性的特例，并行性与局部性是互斥关系，标签化冯·诺依曼体系结构，可区分、可隔离、可优先调度能力的 DIP 猜想，等等。这本书内容丰富、思想深刻，值得一读。

一个复杂的计算机系统充满各种矛盾，存储和计算、分布和集中、异步和同步、批量处理和流式处理等都是矛盾。本书各章内容都围绕计算机系统中的各种矛盾展开。用矛盾论的思维方法理解计算机系统，是计算机系统科研人员成长的必经之路。计算机系统设计的主要工作就是在对立统一的各种矛盾中优化，系统的优化实际上就是各种参数的权衡(tradeoff)，不具备全局的、动态的辩证思维能力，就会顾此失彼、因小失大。

摩尔定律的作用从 2000 年左右开始放缓，到 2018 年，摩尔的预测与目前集成电路能力之间的差距已有 15 倍。计算机性能提高的希望寄托在系统结构的改进与创新上，计算机架构师将迎来一个激动人心的时代。20 世纪 60 年代从科学计算的负载中归纳出定点与浮点，这是计算技术的重大突破；现在需要对动态变化、不确定的智能应用负载进行新的科学抽象，归纳出适合新应用的指令系统、微体系结构、执行模型和 API 界面。今后 10 年，通过系统结构学者和工程师的努力，计算机系统的性能再提高 1000 倍、计算机系统性能功耗比再提高几个数量级是完全可能的，中国学者应该为此作出不愧于时代的贡献。

中国工程院院士

李国杰

2021 年 1 月

前　言

任何事物或事件总是与特定的时间和空间联系在一起，并给予相应的时间和空间以意义。与 1945 年现代计算机诞生、2006 年计算思维被正式提出相比，我们目前处于一个新的时间节点。人类已步入 21 世纪的第三个 10 年，计算机科学与技术正处于一个新的历史关口，面临新的挑战与机遇。

我们所处的时代之所以新，是由多个新的因素造成的，体现为多个新的特征。例如：摩尔定律(Moore's Law)、德纳德缩微定律(Dennard's Scaling Law)逐渐失效，需要更多的体系结构创新；大数据应用逐渐增多，数据密集型计算成为常态，数据科学的概念逐渐形成；智能手机成为用户使用最多的计算机形式，边缘计算和云计算之间有更多的博弈；芯片技术和超级计算机成为大国竞争的内容之一；量子计算、智能芯片均在蓬勃发展；等等。上述因素正在快速发展，而且相互影响、叠加作用，工业界需要适应和反映这些变化的计算机系统，学术界和教育界需要训练和培养掌握计算机系统设计方法学的设计者，以弥合工业界所需计算机系统研发的人才缺口。

随着计算机复杂性的提高，计算机科学理论研究者、应用程序编写者、体系结构设计者之间呈现出越来越强的分化，相互之间往往缺乏了解，更谈不上深刻理解，导致理论成果难以实际应用、软硬件协同设计和优化难以展开等弊端。解决这些弊端的根本途径是，让每个人对计算机系统这个共同的研究对象同时从不同的角度去认识。多角度的不同视图组合在一起，就构成了以全局观、整体观为核心的计算机系统观。

本书的主题是以四种思维认识和设计计算机系统，关键词包括数据、智能、计算、系统。初稿命名为《数据与智能计算系统》，后来发现这个题目的聚焦点是"系统"，是"物"的方面，是计算机体系结构设计的产出物，而本书的出发点是论述如何设计，聚焦点是"思维"，是"人"的方面，是研究者和实践者需要培养和具备的能力。出于人本主义考虑，本书最后命名为《计算机系统设计方法学》，历史思维、计算思维、数据思维及结构思维是计算机系统观的 4 个方面。

认识论和方法论是相统一的。本书要论述的是计算机系统观，属认识论的范畴，同时也是应用、理解和设计计算机系统的方法学(Methodology)。读完本书，可以带着这个"武器"去运用计算的办法和数据观点解释世界和改造世界，去设计计算机系统和芯片体系结构，去开发计算机软件并进行性能优化，通过四种思维及其组合解决科学问题和现实问题。

计算机是一种机器，和所有其他机器一样都是人类创造或制造的，因此计算机的智能究其来源，只能是人类本身的智能，而且更具体地来说，只来源于人类从事计算机科学研究和应用时所呈现和拥有的智能，这就是本书要论述的计算机系统设计的思考维度。

本书内容具有基础性、通用性和概括性的特点，期望能够对广大研究者和实践者从事基础研究和具体设计起到启发、指导和参考作用。对于同一事物，人类在不同的时间可能给予截然不同的评价。本书强调用辩证的眼光看待事件，看待选择，看待新旧。艺术和技术的一个重要区别在于前者具有极大的随机性，而后者具有极大的确定性。本书要归纳人类从事计算机科学的思维，从随机性中梳理出一些规律，整理出一些确定性的内容。

本书介绍给读者的设计方法学是思维意义上的，读者对象不限于计算机专业研究者，可以是当前以及将来一切有志于了解计算机、应用计算机或研究计算机的人。具体来说，包括研究设计人员、开发应用人员以及对理工科感兴趣的读者。

对应于上述读者对象，本书在撰写时有以下几点考虑：① 坚持具体与一般的统一，讲具体的技术，但也讲一般的方法，讲宏观的思想，把“技术-方法-思想”形成一个从具体到抽象、从特殊到一般的完整体系。②坚持专业性与科普性的统一，注重专业性，术语精准，有理论深度，但也注重科学普及与启发性，注重生动、通俗、形象。③坚持前沿与历史的统一，介绍学术界最先进的成果和工业界最新的解决方案，但也梳理历史脉络，把前沿置于历史之中去把握、定位和认知。

全书除前言之外，共分5部分，分别是总论(第1—3章)、历史思维(第4—6章)、计算思维(第7、8章)、数据思维(第9—11章)及结构思维(第12—15章)。为了帮助读者思考，把握发散思维与收敛思维之间的对立统一，我们在书中穿插了一些例题及参考解答，每章末给出了一些思考题。读者在阅读各章后，最好用整体论的观点思考各章的联系，进而思考一些全局性的问题。

本书在撰写过程中得到了多位老师、同事、学生的鼓励和支持。陈国良院士和李国杰院士在百忙之中阅读了书稿并推荐作序。中国科学院深圳先进技术研究院王洋研究员审阅了全书书稿并提出了宝贵建议。本书的研究内容得到了国家自然科学基金面上项目“高并发数据访问的基础理论与系统设计”(批准号：61772497)、国家自然科学基金重大项目“处理器芯片敏捷设计方法与关键技术”(批准号：62090020)、科技部“云计算与大数据”重点研发专项“软件定义的云计算基础理论与方法”(批准号：2016YFB1000200)资助。在此向以上人员及机构表示衷心的感谢！尽管我们尽量严谨细致，但限于篇幅和水平，本书仍可能存在错误和遗漏，欢迎读者指正。

作者
2021 年

目　　录

Ⅰ　总　论

整体与部分之间的关系，是系统论中最重要的一个关系。整体不是简单地等于部分之和，而是大于部分之和，整体具有部分所不具有的性质。这一原理，对于理解计算机系统、理解大数据、理解智能以及理解本书的结构，都具有重要意义。

1 新时代计算机设计方法学的四个思维角度

1.1 引言

1853 年，英国数学家乔治·布尔(George Boole)出版了《思维规律的研究》一书，书名直接指出研究对象是思维规律。布尔所说的思维主要指形式化推理所涉及的符号逻辑。

杨振宁先生曾在一次报告中说，要有大的成就，就要有相当清楚的品味，就像做文学一样，每个诗人都有自己的风格，各个科学家，也有自己的风格。……物理学的原理有它的结构。这个结构有它的美和妙的地方。而各个物理学工作者，对于这个结构的不同的美和妙的地方，有不同的感受。因为大家有不同的感受，所以每位工作者就会发展他自己独特的研究方向和研究方法，也就是说他会形成自己的风格。

顶尖计算机科学家的品味和风格是什么？这些代表智慧之巅的一群人的品味和风格有没有共同点、共同模式？在深入研究逐步给出更精确更严格的归纳之前，我们先把计算机科学中顶尖科学家的品味和风格的共同点或共同模式称为计算机科学的思维。

我们之所以要研究计算机科学的思维，是为了缩短与国际顶尖计算机科学研究水平的差距。我国的超级计算机研制长期位于世界前列[1]，但是与美国的计算机科学研究水平相比，局部虽有突破，但整体上仍有差距。美国对向我国出口处理器芯片实行了限制，并提出限期 10 年率先研制成功 E 级超级计算机的计划[2]，为我国高性能计算的赶超提出了新的挑战。在这种国际竞争日益激烈的形势下，如何提高计算机科学研究水平，明确研究的道路和目的是需要我国计算机科学工作者深入思考的问题。

贝弗里奇(William Ian Beardmore Beveridge，1908—2006)在 1957 年所著的《科学研究的艺术》[3]一书中总结归纳了孟德尔(Mendel，1822—1884)、费歇尔(Fischer，1852—1919)等科学家的经典研究方法。但当时计算机科学还很年轻，贝弗里奇不可能介绍或总结计算机科学研究方面的规律。在计算机诞生已经 70 多年的今天，我们有必要从思维的角度探析计算机系统的设计方法学。

思维是具有意识的大脑对客观现实的本质属性及内部规律的自觉的、间接的和概括的反映。从生理学上讲，思维是一种高级生理现象，是大脑内一种生化反应的过程。思维是认识的理性阶段，在这个阶段，人类在感性认识的基础上形成概念，并用其构成判断(命题)、推理和论证。

在计算机科学领域，计算机科学研究作为高级的思维活动，需要科学工作者具备历史思维(Historical thinking)、计算思维(Computational thinking)、数据思维(Data thinking)以及结构思维(Architectural thinking)这四种必要的思维。

概括地说，历史思维是其余三者在时间维度上的累积，计算和数据是操作与被操作的关系，结构是操作机制。时间、空间、物质、信息和能量，这些要素缺一不可。没有无源之水、无本之木，没有数据就没有计算；没有计算，数据只能停留在原始阶段，无法上升为信息与知识；没有结构，数据不能存储，计算不能实施。没有历史思维，创新没有缘起，也没有归宿，一切都要从头再来。

1.2　历史思维的角度——找到设计在历史中的方位

一切创造性的活动都基于历史，又最终要成为历史。计算机体系结构的研究和设计活动也是这样的。每一次出现的新技术潮流看起来是新的，但大都基于历史，又最终要成为历史。

如图 1-1 所示，$I(t)$表示 t 时刻的创新值，$\int_0^T I(t)\,\mathrm{d}t$ 表示创新的累积总量，$\int_{T-\varepsilon}^{T} I(t)\,\mathrm{d}t$ 表示创新在一定时期的增量。计算机体系结构在过去几十年的成果，包括大量的会议论文、期刊论文、影像资料、书籍等，全面掌握、累积继承并不容易。如果视野仅仅局限于刚刚过去的较短的一个时间窗口 ε，对过去表现为短视，对过去长期的思想缺乏了解和继承，研究活动往往落于追逐热点、跟风追潮，一时的所谓创新，经过岁月的洗涤和沉淀之后所剩无几。

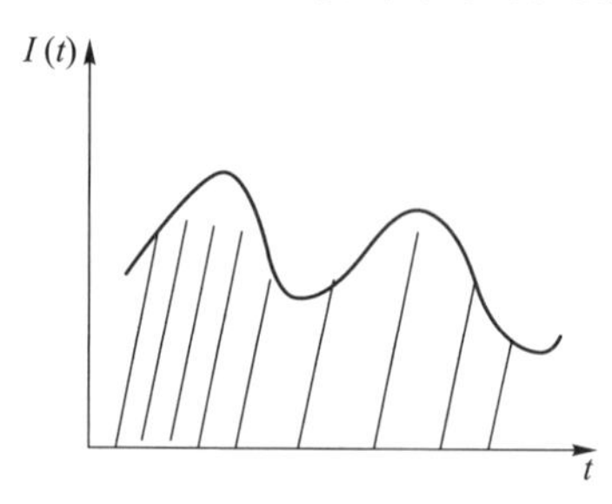

图 1-1　创新的累积过程

复用距离的概念可以应用在这里。与高速缓存一样，创新具有空间局部性：一个设计被重视，类似的设计在紧接着的时间内被重视，简称“追逐热点”；也有时间局部性：一个设计被重视，在一定时间之后，它将被再次重视，简称“借鉴历史”。

过去的计算机已经消亡在历史之中，这些设计是不是毫无用处了呢？在计算机发展的历史轨迹中，我们经常发现，有些思想和设计像过山车一样，时而热，时而冷，时而不温不火，过了很久，又火起来了，比如数据流、机器学习、加速器等。

对于计算机科学来说，历史思维意味着什么呢？历史思维是计算机科学的研究者、应用者和学习者从历史中找到定位、借鉴经验、发现机遇的古为今用的思维。长期以来，我国很多从事计算机专业的人员没有受到历史方面的系统教育和训练，不深刻了解社会文明发展历史，不深刻了解科技发展历史，从而缺乏历史知识和历史感悟能力，缺乏历史方位感和方向把握能力。

1.2.1 历史思维的作用

历史思维是进行科学创造必须具备的催化剂，具有以下重要作用。

第一，在人类文明发展史中找到自己的价值定位，培养科学研究的兴趣。对于把计算机科学研究作为自己的职业乃至毕生奋斗事业的人来说，明确道路和目的是十分重要的。科学研究的目的在于认识世界和改造世界，提高生产效率，改善生活，提升幸福感。在医学上，一种药物可以拯救几百万人的生命；在数学上，一个定理可以解放人类的思想；在计算机科学上，计算技术引发了第三次工业革命，一种体系结构或一种算法可以使计算更快速和高效。这些认识是兴趣的源泉，只有通过历史思维来建立。

第二，学习优秀科学家的坚强和韧性，培养科学研究的定力。科研的道路并不平坦，具有探索性、曲折性和不确定性，需要有长期从事科学事业的定力。我国首位诺贝尔生理学或医学奖获得者科学家屠呦呦从 1972 年就开始研究使用青蒿素治疗疟疾，经历无数次失败，锲而不舍，完成了医药史上的壮举，但一直是“三无教授”（没有博士学位、没有留洋背景、没有院士头衔）。年届 60 的数学家张益唐证明了存在无穷多对素数之间的距离小于 7000 万，从而在孪生素数猜想这一困扰数学界一个多世纪的难题上取得重大突破，但直到完成定理证明前仍是一名讲师[4]。这两位科学家的人生经历、研究经历都体现了不急于求成、对科学事业孜孜以求的精神。这些认识是定力的源泉，只有通过历史思维来建立。

第三，站在巨人的肩膀上进行增量式创新，发现科学研究的机遇和契机。在科学研究中，一个很有趣的问题是，个人的因素重要还是集体的因素重要？屠呦呦、张益唐等科学家的个体素质毫无疑问起到极为关键的作用，但是也要看到集体努力的作用。

屠呦呦的研究继承了1600多年前我国东晋医学家葛洪(284—364)的成果。屠呦呦在一次演讲中说，当年面临研究困境时，又重新温习中医古籍，进一步思考东晋葛洪《肘后备急方》有关“青蒿一握，以水二升渍，绞取汁，尽服之”的截疟记载，这使她联想到提取过程可能需要避免高温，由此改用低沸点溶剂的提取方法。张益唐研究成功的基础，可追溯到20世纪80年代在北京大学打下的非常扎实的数论基础，以及2005年戈德斯顿和鲍姆等人的工作[4]。而如果数学家希尔伯特(David Hilbert，1862—1943)没有明确提出这一问题从而引起学术界的重视，戈德斯顿和鲍姆等人的工作也有可能无从谈起。

伊利诺伊理工大学孙贤和教授继1967年阿姆达尔定律(Amdahl定律)和1988年古斯诺夫森定律(Gustafson定律)之后，在1990年提出孙-倪定律[5](Sun-Ni定律)，揭示存储受限条件下的加速比原理，统一并拓展了阿姆达尔定律和古斯塔夫森定律，这三个定律也称为并行计算三大定律。

在沿用多年的平均存储访问时间(AMAT)基础上，孙贤和于2014年提出并发存储访问时间(C-AMAT)模型[6]，于2015年提出同时受限于存储容量和存储并发度的性能模型(C^2-bound)，有效应对了现代存储系统中不断增厚的存储墙(Memory Wall)[7]问题。图1-2展示了从首台程序存储式大型计算机、首片微处理器到首片多核处理器，从阿姆达尔定律、古斯塔夫森定律到孙-倪定律，从AMAT到C-AMAT，等等，展示了在历史进程中进行的增量式创新的时间序列。通过历史思维，可以立足于重大科学问题研究的最前沿，站在前人的肩膀上创造性地解决问题。具备了历史思维建立的兴趣和定力以及学科基础，就可以从“计算”和“数据”出发，培养计算思维和数据思维。

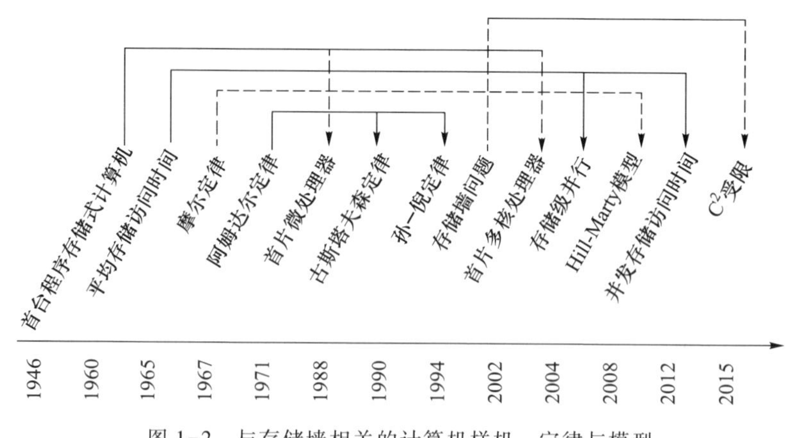

图1-2　与存储墙相关的计算机样机、定律与模型

1.2.2 计算机考据学

与计算思维相适应，计算机学科中应有类似计算机考据学这样的分支，其核心任务是追溯源头和梳理发展脉络。黑格尔提出“哲学就是哲学史”这个命题：“历史上的那些哲学系统的次序，与理念里的那些概念规定的逻辑推演的次序是相同的。……只有能够掌握理念系统发展的那一种哲学史，才够得上科学的名称”[8]。当代学者孙正聿教授对这个命题的含义和意义做出这样的解读[9]：“哲学就是哲学史”这个命题的真正含义，并不是把哲学归结为哲学的历史，更不是把哲学研究限定为对哲学历史的研究，而是强调哲学与哲学史是“历史性的思想”和“思想性的历史”；“哲学就是哲学史”这个命题的真正意义，并不是要凸显对“哲学史”的研究，更不是要以“历史”冲淡乃至代替“现实”和“未来”，而是把“哲学”合理地理解为“历史性的思想”，即不是把哲学当成枯燥的条文、现成的结论和“终极的真理”，把“哲学史”合理地理解为“思想性的历史”，即不是把哲学史当成人物的罗列、文本的堆砌和“厮杀的战场”。

受此启发，我们提出“计算机系统设计方法学就是计算机设计史”这一命题，并就其含义和意义做以下解释：

① 命题的含义并不是把计算机系统设计方法学归结为或限定为计算机设计的历史，而是强调计算机系统设计方法学与计算机设计史是历史性的设计思想和思想性的设计历史。

② 命题的意义不是以历史冲淡乃至代替现实和未来，而是把计算机系统设计方法学合理地理解为历史性的设计思想，把历史生动、翔实的深厚积淀和变迁过程揭示出来；把计算机设计历史合理地理解为思想性的设计历史，把思想的脉络揭示出来。

1.3 计算思维的角度——通过计算的办法解决问题

计算思维是尝试利用计算解决问题，将研究对象转化为可计算的问题的思维。

1.3.1 计算思维的作用

人类从诞生至今300万年的历史，是计算思维发展的历史。计算思维产生的时间远远早于现代计算机诞生的时间。在现代计算机诞生之前，人类已经发明了功能近似、机制迥异的多种计算工具，如算筹、算盘、算尺等。

人类之所以需要机器替代或辅助自己计算，与人类的注意力、寿命、耐心是稀缺资源有关。人类的注意力、寿命、耐心是极其有限的，这对计算机科学来说一个非常重要的事实，大数据、高性能计算等研究方向都与这一事实有关。人类的注意力有限，我们无法长时间沉浸在大量的数据（大数据）中，只能把有限的注意力投入到少量的数据（小数据）上。人类的时间有限，我们就追求高性能，让计算速度越来越快。

从理论上说，任何一个系统，如果它的物质和能量能连续地（非间断地）保持平衡，那就可以做重复的工作，经久不衰。人类的注意力、耐心之所以是稀缺资源，与人类大脑的模拟电路特点有关。人类大脑的很多生化介质在数量上是有限的，新陈代谢的速度是有限的，如果过度消耗，入不敷出，就会出现失调的现象。这就是人容易疲劳、不善于做重复性工作的原因。作为机器的计算机可以在这方面弥补人类的不足。

人类智能与人工智能之间、人脑与计算机之间的联系和区别，是值得研究的问题。计算机是人类设计出来的，其目的是弥补人类的不足，作为一种工具帮助人类解决问题。计算机在注意力、时间、耐心这些方面相比人类具有极大的优势。人一心不可二用，但计算机可以并行计算；人做重复的事容易疲劳、烦躁、出差错，但计算机可以长年累月精确地计算。

计算已成为人类生产、生活和思维的一部分，深刻影响着人类的生产、生活乃至思维方式。通过计算思维，人类运用数学知识对现实问题进行建模、求解，实现并行、预测、推理、聚类、抽象等功能。人类不再受限于感官接受的信息，不再受限于想象、联想、猜测，不再受限于心算，而是交给计算机去完成“计算”任务。

计算思维第一个方面的体现是尝试通过计算解决问题，将研究对象转化为可计算的问题。德国数学家和哲学家莱布尼茨（Leibniz）曾有这样的著名论述：“在人们有争议的时候，我们可以简单地说，让我们计算一下，而无须忙乱，就能看出谁是正确的。”我国古代数学名著《九章算术》一共九个章节，依次是方田、粟米、衰分、少广、商功、均输、盈不足、方程及勾股，收有246个与生产、生活实践有联系的应用问题。这些都是计算思维的体现。

计算思维第二个方面的体现是让原来人脑进行的计算转交给机器去完成。计算机是机器，但不同于普通的机器。计算机可以运行非常多的应用程序，具有非常多的用途。甚至有获得诺贝尔化学奖的实验不是在传统的化学实验室中通过试管、试剂完成的，而是在超级计算机上通过模拟完成的，该实验揭示了光合作用等化学过程[10]。

例题：数学家欧拉猜想对于每个大于2的整数 n，任何 $n-1$ 个正整数的 n 次幂的和都不是某正整数的 n 次幂。这个猜想在1966年被Lander和Parkin[11]推翻，他们证实了存在自然数 n，使得

$$133^5+110^5+84^5+27^5=n^5$$

求 n 的值。

解答：首先考虑缩小 n 的取值范围，由于

$$n^5 = 133^5 + 110^5 + 84^5 + 27^5$$

可知

$$n \geqslant 134$$

接下来考虑 n 的上界，由于

$$n^5 = 133^5 + 110^5 + 84^5 + 27^5$$
$$n^5 < 133^5 + 110^5 + (84 + 27)^5$$
$$n^5 < 3 \times 133^5$$
$$n^5 < \frac{3125}{1024} \times 133^5$$
$$n^5 < \left(\frac{5}{4} \times 133\right)^5$$
$$n^5 < (166.25)^5$$

所以

$$n \leqslant 166$$

于是

$$134 \leqslant n \leqslant 166$$

由于 $10 \mid (a^5-a)$，所以 a^5 与 a 的个位数相同。

于是 n 的个位数与 133+110+84+27 的个位数相同，即 n 的个位数是 4。

n 的范围进一步缩小为 134，144，154，164。

由于

$$133 \equiv 1(\bmod 3)$$
$$110 \equiv 2(\bmod 3)$$
$$84 \equiv 0(\bmod 3)$$
$$27 \equiv 0(\bmod 3)$$

所以

$$n^5 = 133^5 + 110^5 + 84^5 + 27^5 \equiv 1^5 + 2^5 \equiv 0(\bmod 3)$$

在 134、144、154、164 这 4 个数中只有 $144 \equiv 0(\bmod 3)$，

所以

$$n = 144.$$ □

注意，例题中采用的是数学证明的方法，需要用到一定水平的数学技巧，比如证明中用到的“10 能整除(a^5-a)”对很多人来说并非显而易见，也不容易从这个角度去思考，况且也不存在最初的等式。Lander 和 Parkin[11] 采用的是搜索解空间的办法，在世界上首台超级计算机 CDC6600① 上进行运算。许多问

① CDC6600 是世界上首台每秒运行一百万次浮点运算(1Mflops)的计算机，总设计师是“超级计算机之父”西摩・克雷(Seymor Cray)。

题的求解，往往就是一个搜索解空间的问题，这时计算思维可以发挥重要作用。这里涉及如何构造解空间、如何缩小解空间，根据计算能力的不同，是否有必要缩小解空间，如果需要缩小，需要缩小到怎样的范围，计算机才能很快地给出搜索结果。

1.3.2　计算思维的内涵

计算思维的一个本质特征就是“求之于外”，求之于计算机器，也就是周以真教授所说的“自动化”[12]。计算思维的发展过程，就是不断地从手工、半自动到全自动的过程，需要培养建模能力，使具体研究对象转化为可计算问题。冯·诺依曼“程序存储”的计算机体系结构，把指令序列作为广义的数据进行存储，然后按序执行，通过机器完成大量含有逻辑意义的计算操作。

计算思维就是让计算机辅助或拓展人类的智力活动，由人工智能辅助或拓展人类智能。人类智能是人工智能的源头，同时人工智能相对人类智能具有独立性。如图 1-3 所示，人类智能向人工智能的转化，是通过计算思维以编程的方式实现的。图灵在 1950 年的《计算机器与智能》[13]一文中这样说：“数字计算机可以被建造，而且确实已经按照我们所描述的原理被建造，而且能够很接近地模仿一个人类计算员的行为。”请注意这里的模仿实际上是虚拟化的概念，也可以从功能和性能上进行解读。

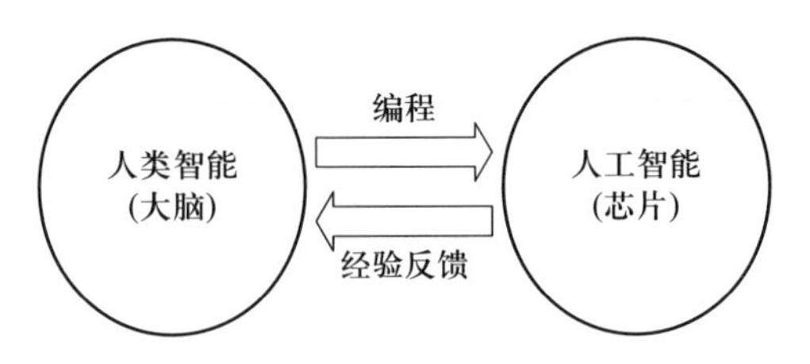

图 1-3　人类智能与人工智能的相互作用

图灵接着说：“当然，上面描述的人类计算员所使用的规则书(Book of rules)仅仅是为了方便所做的一个设想。实际中人类计算员(Human computer)记得他要做什么。如果一个人想让机器模仿人类执行复杂的操作，人类必须告诉机器如何去操作，然后把这个过程翻译成某种形式的指令表。这种构造指令表的行为通常被称为‘编程’。‘给一个机器编程使之执行操作 A’，意味着把合适的指令表放入机器以使它能够执行 A。”这一段给出了编程的实质。“给一个机器编程使之执行操作 A”，意味着把合适的指令表放入机器以使它能够执行 A，从这个意义上，人类通过编程把自己的智能赋予了机器。

需要指出的是，在人类智能向人工智能转化的过程中，人类的大脑也发生了变化，获得了正反两方面的经验，人类的计算思维得到进一步提高，由此图

1-3 中形成了一个正反馈的闭环。

例如，中国科学院大学启动了“一生一芯”计划，目标是让每一位计算机专业的大学生毕业前独立设计出一款芯片，在这个过程中，除了具有显示度的每人自己的芯片实物，还有一个不具有显示度从而容易被忽略的“芯片”，那就是每个学生的大脑这个碳基芯片。实际上，后者这个不可见的芯片更为重要，它将伴随学生一生，源源不断地设计更多的芯片。

1.4 数据思维的角度——通过数据解决问题

1.4.1 数据思维的内涵

数据思维是以数据为中心、应用和设计计算机的思维。从大量数据中发现规律是数据思维第一个方面的体现。数据既是计算的对象，也是计算的结果。信息存在于数据中，需要将现实世界中的模拟信号转化为可用字节表示的数据，数据思维研究的就是将研究对象转化为可用字节表示的数据。

数据思维第二个方面的体现是以数据为中心设计计算机，以解决存储墙为核心的问题，提高计算机系统的整体效率。大数据的高容量、低价值密度等特征对计算机体系结构提出了严峻挑战。冯·诺依曼结构以计算为中心，计算与存储是分离的，存储层级之间的延迟存在很大差异，芯片用于数据访问的引脚数量有限，这些带来了严重的延迟墙和带宽墙（两者统称为存储墙）问题，数据访问成为限制性能的瓶颈。

1.4.2 数据与计算的对称性

我们提出了“数据与计算是对称的”这一命题。如图 1-4 所示，数据与计算是冯·诺依曼程序存储式计算机的两大基本要素，数据与计算之间的关系是计算机科学中的一对基本关系。计算机早期以计算为中心，侧重提高运算的速度；现在以存储为中心，侧重提高数据访问的速度。从处理对象与处理本身对称的意义上说，数据与计算是对称的。

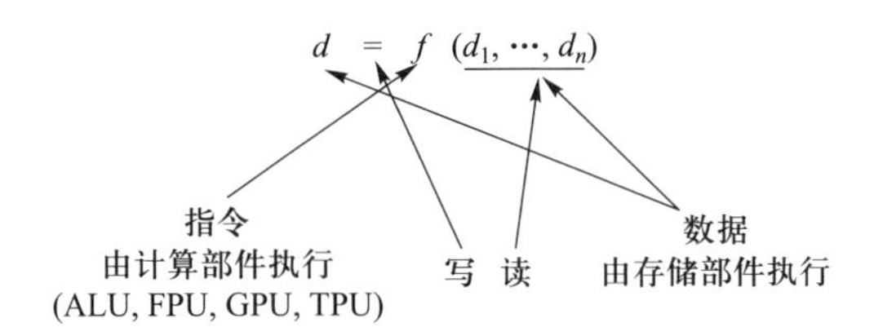

图 1-4 冯·诺依曼程序存储式计算机的两大基本要素：数据与计算

数据与计算的对称，如图 1-5 和图 1-6 所示，体现在多个方面：① 有存储层次结构（Memory hierarchy），就有计算层次结构（Computing hierarchy）；② 有存内计算存储器内嵌处理器（Processor in Memory），就有片上存储（Memory in Processor）；③ 有指令级并行（Instruction Level Parallelism），就有存储级并行（Memory Level Parallelism）；④ 有通过冗余运算部件容错，就有通过冗余数据源容错。

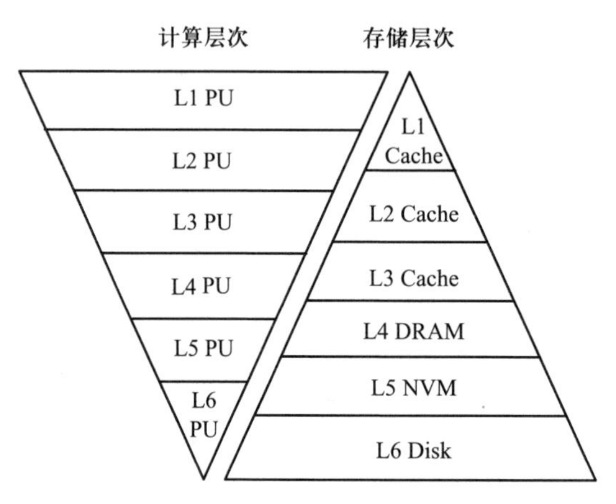

图 1-5 计算层次结构与存储层次结构的对称

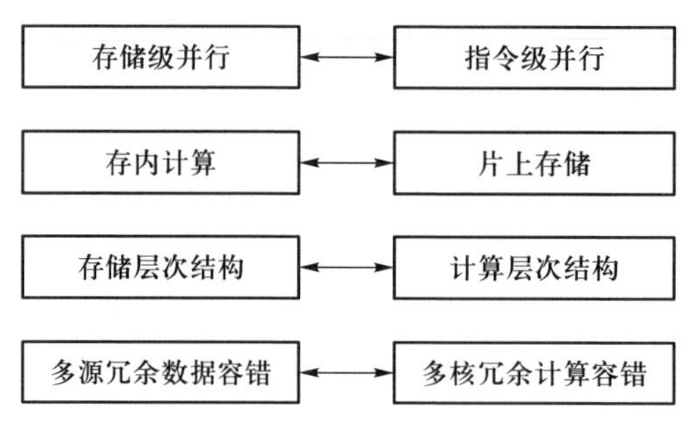

图 1-6 数据与计算的对称性

图灵于 1945 年在 ACE（Automatic Computing Engine）设计报告[14]中这样写道："我相信提供适当的存储器是解决数字计算机问题的关键。如果想让计算机可以拥有人工智能这一说法更具有说服力，必须提供比现在多得多的存储能力。在我看来，制造大的内存要比用更快的速度计算诸如乘法的运算重要得多"。当时虽然现代意义上的程序存储式计算机正在孕育设计之中，但数据的存储和访问问题已成为计算机设计的核心问题。

如图 1-7 所示，随着片上处理器核心数量的增加，存储墙越来越厚。深度多级高速缓存耗费了微处理器芯片 80%以上的晶体管资源，例如，IBM Power 8

处理器采用 96 MB 三级高速缓存，相应地带来了能耗和温度升高。但是高速缓存块在至少 59%的时间都是无用的[15]。数据访问模式与底层存储系统之间的匹配成为亟待解决的问题[16]。与存储墙相关的性能问题，只有充分运用数据思维才能有效解决。

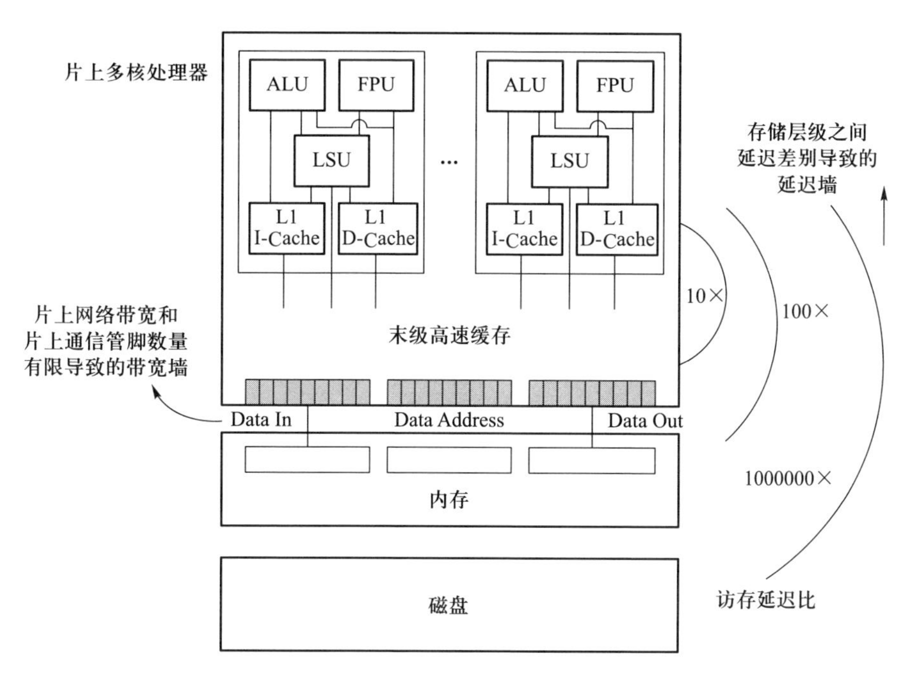

图 1-7 数据访问成为计算机系统性能的瓶颈

数据思维要求在设计计算机体系结构和算法时考虑原始数据的存储、工作集的大小、存储访问的局部性和并发性，需要考虑数据的采集、净化、存储、移动、运算等整个生命周期的每一个阶段。孙贤和教授在高性能计算领域较早认识到存储问题是限制超级计算机性能的关键因素，在 1990 年提出了三大并行计算定律中唯一以数据为中心的存储受限的加速比定律(Memory Bounded Speedup)[5]，在随后的 25 年始终以数据为中心聚焦研究存储墙问题，在这个过程中一以贯之的就是数据思维。目前，大数据和超级计算并存且在一定程度上独立发展，浮点运算能力不等同于数据处理能力。美国制定的一项计划强调 E 级超级计算机要处理 E 级字节(10^{18} B)数据[2]。未来高性能计算与大数据分析可能融合，形成统一的生态体系[10]。

例题： 简述并行计算三大定律的内容，并从负载大小、耗费时间的角度比较分析。

解答： Amdahl 定律假设优化前后负载大小是固定的。假设负载中串行部分的比例为 $1-f$，并行部分的比例为 f，处理器的数量为 n，且假设并行部分能

够被这 n 个处理器充分执行，那么可以得到加速比公式

$$Speedup = \frac{1}{1 - f + \frac{f}{n}}$$

Gustafson 定律假设优化前后的执行时间是固定的。优化前后的负载量发生了变化，若优化前负载量为 1，则优化后负载量为 $1-f+nf$，加速比为

$$Speedup = \frac{1 - f + nf}{1 - f + \frac{nf}{n}} = 1 + (n - 1)f$$

Sun-Ni 定律假设负载量受限于内存容量，加速比为

$$Speedup = \frac{1 - f + g(n)f}{1 - f + \frac{g(n)f}{n}}$$

当 $g(n)=1$ 时，Sun-Ni 定律退化为 Amdahl 定律；当 $g(n)=n$ 时，Sun-Ni 定律退化为 Gustafson 定律。当应用程序的局部性较好时，$g(n)$较大；当应用程序的局部性较差时，$g(n)$较小。□

例题：理论上负载量的大小可以无穷大，需要处理的数据在本地内存中存放不下，可以存放于本地磁盘；本地磁盘中如果再存放不下，可以存放于本地磁带或者网络上的存储介质，总之应用程序可用的存储容量似乎是不受限的。那么，如何理解 Sun-Ni 定律所给出的加速比是存储受限的？进行理论分析，并举例说明。

解答：处理器的计算部件能快速获得的数据量的大小，对程序执行时间比较关键。因此要区分“计算部件能快速获得的数据”与“计算部件需要处理的全部数据”这两个概念。

内存相对磁盘或磁带来说，性能有几个数量级上的优势。假设有应用程序需要处理 1TB 的数据，单节点的内存容量为 1GB，因此在单节点时全部数据量只有 1‰在内存中，内存的后备存储为磁盘或磁带。假设内存速度是后备存储速度的 1000 倍，或者说后备存储访问的延迟是内存访问延迟的 1000 倍，那么在处理器数量为 n 时，程序的执行时间为

$$T(n) = 10^{12} \times \left[1 - f + \frac{f \times g(n)}{n}\right]$$

在分布式环境下，随着处理器数量的增加，可用内存的容量也在增加，数据的复用次数也增加了。数据的复用次数可以用 $g(n)$测度。对于 1TB 数据，存在 1024 个节点时，所有的数据都在内存中了。加速比

$$Speedup = \frac{1 - f + f \times g(n)}{1 - f + \frac{f \times g(n)}{n}}$$

上述公式中没有直接出现关于磁盘或磁带等后备存储的信息。这是因为，与内存相比，后备存储虽然容量高出几个数量级，但延迟也高出几个数量级，于是内存的容量(类似于大脑的短时记忆的容量)成为限制计算机系统性能的决定性因素。 □

1.5 结构思维的角度——通过优化结构提高效能节省资源

结构思维是通过创新的体系结构提升系统性能和效率的思维。结构思维重在时间和空间上的组合、管理、调度和协调，而不是资源或规模的扩张。

1.5.1 结构对算力的影响

“结构决定性质，性质决定用途”这是一句在化学、物理学中耳熟能详的话，在计算机领域也同样适用。据 2016 年 2 月《自然》杂志报道[17]，从 2016 年 3 月起，国际半导体技术路线图(International Technology Roadmap for Semiconductors，ITRS)将停止对摩尔定律的追逐，延续了约 50 年的摩尔定律即将落幕。

例题：查阅资料，收集历年来世界上最快的计算机的性能数据，从时间序列的角度去分析，检查是否服从指数函数的规律，然后尝试做出一些预测。

解答：如表 1-1，自 1985 年以来，超级计算机从十亿次(Gigascale)到十万亿亿次(Zetascale)存在着四级跳，即 G—T、T—P、P—E 及 E—Z，这个过程中除了增加系统规模，有两个基本动力：一是摩尔定律，二是以体系结构为中心的创新。仅仅依靠工艺的进步是不能实现每年翻一番即 2^{yr}(yr，年)的性能增长速度，差距是 $2^{yr}-2^{yr/1.5}$，这一差距需要通过以体系结构为中心的创新来弥补。

值得注意的是，日本 Fugaku 超级计算机的性能由 2020 年 6 月的 415.5 P 增加到 2020 年 12 月的 442 P，提高了约 6.4%；处理器核心数量在半年内由 7 299 072 个升级到 7 630 848 个，增加了约 4.5%；显然是通过扩展系统规模、增加资源的方法扩展性能。Fugaku 是曾经的世界第一 K computer 产品的第四代，采用 ARM 架构的富士通 A64FX 处理器。

表 1-1 超级计算机性能的 GTPEZ 四级跳的进度

性能阶段	数量级	年份	实例	具体性能/FLOPS
G (Gigascale)	10^9	1985	Cray-2	1.0 G
T (Terascale)	10^{12}	1996	Intel ASCI Red	1.3 T
P (Petascale)	10^{15}	2008	IBM Roadrunner	1.026 P

续表

性能阶段	数量级	年份	实例	具体性能/FLOPS
↓	10^{16}	2011	Fujitsu K Computer	10.51 P
	10^{16}	2012	Cray Titan	17.59 P
	10^{16}	2013	Tianhe-2	33.8 P
	10^{17}	2018	Summit	143.5 P
	10^{17}	2020	Fugaku	415.5 P
	10^{17}	2020	Fugaku	442 P
E(Exascale)	10^{18}	—	—	—
Z(Zetascale)	10^{21}	—	—	—

注：FLOPS = floating-point operations per second，每秒浮点运算。

□

假设芯片单位面积上的晶体管数量每 n 个月翻一番，年增长率为 a，有

$$(1+a)^{n/12}=2$$

按照波拉克法则(Pollack's Rule)[18]，性能提升倍数为晶体管数量增加倍数的算术平方根。设 b 是非体系结构因素贡献的性能增长率，则

$$b=(1+a)^{1/2}-1$$

将上述两式联立起来，得到

$$b=2^{6/n}-1$$

显然，随着 n 增大，b 减小，也就是说，随着摩尔定律的减缓或逐渐失效，非体系结构因素贡献的性能增长率在减少。设 x 是体系结构因素贡献的性能增长率，如果期望计算机每年的整体性能增长率为 A，则

$$x+b=A$$

因此

$$x=A+1-2^{6/n}$$

随着 n 增大，x 增大，也就是说，随着摩尔定律的减缓或逐渐失效，需要体系结构因素贡献的性能增长率在增加。随着器件密度增速越来越背离摩尔定律，对计算体系结构创新的贡献率要求将越来越高。

导致摩尔定律放缓乃至失效的两个因素是：① 连接晶体管的导线越来越细，使得它们的电阻越来越大，无法承载足够的电流；②单位面积上单位时间内消耗的能量越来越大(Denard 微缩定律[19]失效)，热密度及温度升高导致可靠性降低。

1.5.2 结构思维的内涵

体系结构是算法的基础，很大程度上决定了计算机系统的效率并最终决定了用户的体验效果。这里举两个例子。

第一个例子是关于我国自主研制的处理器的性能提升。龙芯 3B 1500 八核处理器，相比龙芯 3B 处理器在效率上有 35%的提升，这主要归功于体系结构在两个方面的改善[20]：一是存储层次结构的改善，包括末级缓存从 4MB 升级为 8MB，并为每个处理器核心引入 128KB 的 Victim Cache①；二是对数据传输和供应能力的改善，包括超级传输协议升级和存储带宽的提升。如此两种基本的技术就带来整个系统 35%的性能提升。

第二个例子是 2020 年《科学》杂志上的一篇文章提到的关于两个矩阵相乘的性能表现[21]。如表 1-2 所示，两个 4096×4096 的矩阵相乘，有 7 种不同的实现，最快的一种(版本⑦)相对最慢的一种(版本①)有 62 806 倍的加速。注意这 7 种实现是在同一台计算机上完成测试的。这台计算机有两个处理器芯片，处理器的型号是 Intel Xeon E5-2666 v3，每个处理器芯片主频为 2.9 GHz，有 18 个核心，有 25MB 共享的 L3 高速缓存。

表 1-2　两个矩阵相乘的 7 种实现的性能表现[21]

版本	实现	运行时间/s	GFLOPS	绝对加速比	相对加速比	占峰值性能的比例
①	Python	25 552.48	0.005	1	—	0.00%
②	Java	2 372.68	0.058	11	10.8	0.01%
③	C	542.67	0.253	47	4.4	0.03%
④	并行循环	69.80	1.969	366	7.8	0.24%
⑤	并行分治	3.80	36.180	6 727	18.4	4.33%
⑥	+向量化	1.10	124.914	23 224	3.5	14.96%
⑦	+ AVX intrinsics	0.41	337.812	62 806	2.7	40.45%

从版本①、②、③可以看到现在流行的几大程序设计语言，性能优势似乎与流行度成反比。注意到版本⑦只同时运用了为数不多的几种体系结构特性，仅发挥了 40.45%的峰值性能，但即使这样它相对版本①已有 6 万多倍的提升，如果继续优化，如发挥了 80%的峰值性能，将有 12 万倍以上的性能提升。如此巨大的性能提升空间，不能不引起我们对体系结构的重视。

① 从主高速缓存中被替换的数据块称为牺牲者(Victim)，Victim Cache 用来缓存这些 Victim。

从早期的巨型机到现在数万处理器核心的机群，背后是“少而巨”与“小而多”的权衡。结构思维需要关注的维度有多种，如图 1-8 所示。

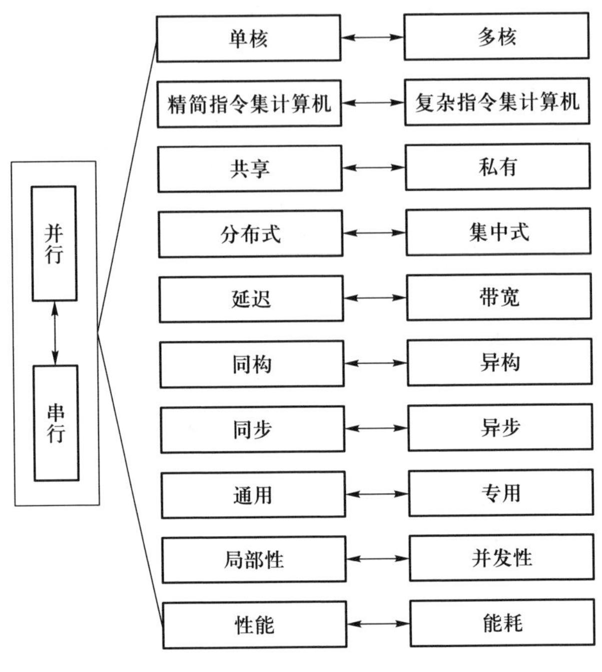

图 1-8 结构思维的若干维度

以同步与异步维度为例，针对同步发送内存访问请求的并发度受限问题，文献[22]提出了异步发送内存请求的“消息式内存系统”。图 1-8 所示的维度很多，假如有 10 个维度，每个维度有 10 种取值的可能，那么就存在 10^{10}种可能的结构。n 个参数构成的体系结构空间记为 S_1，可表示为这些参数取值范围的笛卡尔积

$$S_1 := \langle p_1, p_2, \cdots, p_n \rangle$$

结构空间的大小为

$$|S_1| = \prod_{i=1}^{n} |p_i|$$

与结构设计空间同时存在的还有一个庞大的应用负载空间。从理论上说，有无穷多种应用，从科学计算应用到事务处理应用，从计算密集型应用到数据密集型应用等。m 个参数构成的应用空间记为 S_2，可表示为

$$S_2 := \langle q_1, q_2, \cdots, q_m \rangle$$

应用空间的大小为

$$|S_2| = \prod_{i=1}^{m} |q_i|$$

系统空间为结构空间与应用空间的笛卡尔积，表示为

$$S := \langle S_1,\ S_2 \rangle$$

系统空间的大小为应用空间大小与结构空间大小的乘积，即

$$|S| = |S_1| \times |S_2| = \prod_{i=1}^{n} |p_i| \prod_{i=1}^{m} |q_i|$$

结构设计空间有能耗、温度、面积等一系列约束。体系结构设计的本质是求解一个带约束的最优化问题，即在满足约束的前提下，在结构设计空间中发现或构造一个匹配应用负载需求的最佳结构。

由于结构设计空间和应用负载空间极其庞大，因此穷举所有的结构设计-应用负载组合，确定其性能，然后发现最优的结构，是不可能实现的。只有依靠设计者的经验，综合利用推导分析、模拟等多种手段来完成这一过程，这正是研究体系结构设计方法学的重要原因。

结构决定性质，性质决定用途。在计算机科学中，计算机体系结构是算法的基础，决定着计算的效率，并最终决定服务质量（Quality of Service，QoS）。因此，我们要重视计算机体系结构和算法研究，通过创新结构、优化算法，提高效率，实现效果。

1.6　四种思维之间的相互关系

从体系结构的角度看，计算操作部件和数据存储部件所构成的系统具有 3 个特点：

（1）逐层过滤：如图 1-9 所示，计算操作部件可看成存储层次的第一级，高速缓存系统逐级起到过滤作用。这种过滤性、层次性和局部性对计算机系统的性能具有重要影响。

（2）层内及层间并发：基于流水线、超标量、多线程、多核等并行技术，计算操作部件可同时发出多个数据请求，各级缓存也通过多存储体、多端口及多通道等支持多个并发的数据访问。

（3）负反馈：当存储系统读写负荷较轻可以快速提供数据时，计算操作部件可以继续发送更多的数据请求；当数据请求的数量增加到一定程度时，如果局部性差且存储系统的硬件并行度低于数据访问请求的并行度，将引起队列排队延迟和总线争用延迟，于是存储系统提供数据的能力降低，速度变慢，致使计算部件因为数据停顿而降低发送数据请求的速度，从而使存储系统的争用得以缓解，如此周而复始形成负反馈的闭环。这一机制充分反映了数据与计算的相互影响和制约。

从根本上说，可计算的前提是待处理信号可用字节表示，高速计算的前提是快速的数据移动。计算和数据之间是相互依赖的关系，计算思维不排斥以数

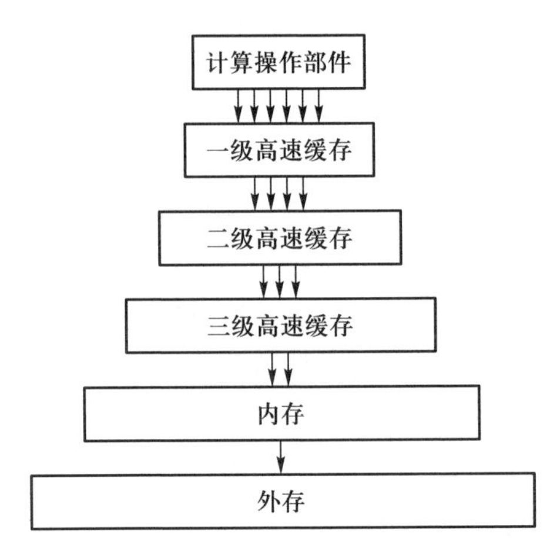

图 1-9　存储层次结构及流量的逐级过滤

据为中心的数据思维。

例题：从维纳控制论的角度理解计算与存储之间存在的负反馈，并思考我国古代哲学家老子所说的“反者道之动”①是否适用于解释计算与存储之间的关系。

解答：根据控制论的原理，我们画出负反馈的闭环网络，如图 1-10 所示，其中 X_i 表示计算部件初始时发送访存请求的速度，X_f 表示计算部件因为存储停顿②而减少的访存请求速度，X 表示计算部件后续的访存请求速度，X_o 表示访存带宽。基本放大电路通过存储层次系统实现，反馈网络通过指令窗口、乱序执行、重排缓冲器等硬件实现。

$$X_o \uparrow \rightarrow X_f \uparrow \rightarrow (X = (X_i - X_f)) \downarrow \rightarrow X_o \downarrow$$

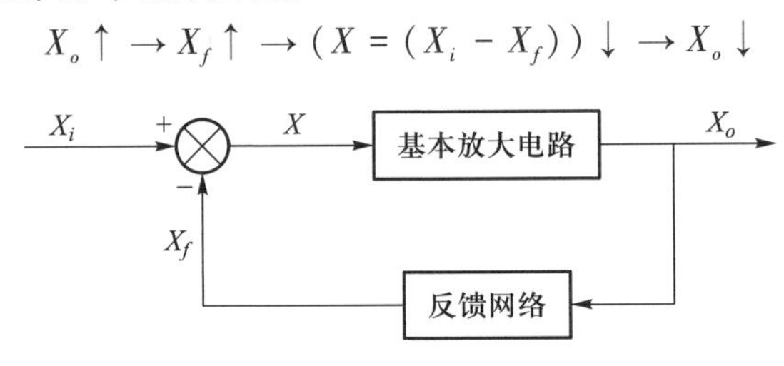

图 1-10　负反馈的闭环网络

“反者道之动”可以用来解释计算与存储之间的关系，因为存储系统的带宽不可能无限地增长，计算部件的访存请求速度也不可能无限地增长，它们都受实际硬件的限制。体系结构设计就是把硬件的天花板不断地推高。

□

① 见《道德经》第四十章。

② 存储停顿(Memory stall)是指计算部件由于存储系统供数不及时而引起的停顿。

点评：设计方法学从某种意义上是“道”。哲学家冯友兰在《中国哲学简史》[23]中说，道家和儒家都支持的一种理论是，自然界和人类社会的任何事物，发展到了一个极端，就反向另一个极端；这就是说，借用黑格尔的说法，一切事物都包含着它自己的否定。这是老子哲学的主要论点之一，也是儒家所解释的《易经》的主要论点之一。

在前述分析的基础上，我们可以形成以下要点：

(1) 历史是计算机体系结构设计的起点，也是计算机体系结构设计的归宿。与“哲学就是哲学史”一样，体系结构设计方法学就是体系结构设计史，体系结构设计方法学是设计历史的思想，体系结构设计史是设计思想的历史。

(2) 计算是设计的体系结构所呈现的功能，是用户为了进行问题求解最关心的内容。狭义地看，计算对应着冯·诺依曼体系结构五大部件中的运算器；而从系统论的整体观点看，计算是整个机器呈现的功能。

(3) 数据是计算的对象，是计算的初始对象，也是计算的中间产物和最终产物。狭义地看，数据对应着冯·诺依曼体系结构五大部件中的存储器、输入设备、输出设备，但是，在机器运行时，数据遍布或涉及全部五大部件。数据的传输带来的延迟、功耗对机器的性能和用户体验产生重要影响。

(4) 体系结构是机器物理载体的逻辑本质，体系结构不是机器物理载体自身，而是在抽象层次上高于机器物理载体。体系结构将计算与数据贯通起来，将五大部件组织起来，体系结构除了关注五大部件各自的独立性质，还尤其关注五大部件之间的关联、协同、匹配及均衡。

如图 1-11 所示，历史、计算、数据及结构形成四位一体设计方法学，相应的四种思维构成了一个有机的体系：历史思维为其他三种思维提供动机基础和工作基础，计算思维和数据思维通过结构思维完成具体实现。

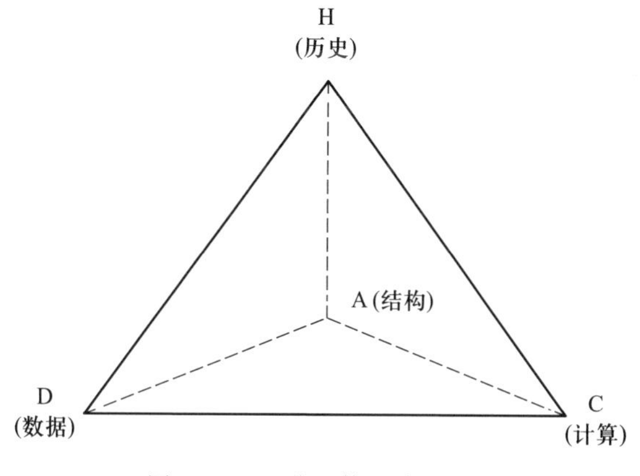

图 1-11 四位一体设计方法学

1.7 结束语

在美国和欧洲一些大学，计算思维的内容已经进入课堂。中国科学院院士陈国良带领团队专门研讨了计算思维[24,25]，北京航空航天大学尹宝林教授从编程实践的角度论述了如何培养计算思维[26]。

计算机诞生至今已 70 多年，摩尔定律已生效 50 多年[28]，存储容量受限的加速比定律(Sun-Ni 定律)已提出近 30 年。未来 10 年，芯片器件密度的增长将越来越放缓而背离摩尔定律的预测，Sun-Ni 定律所指出的数据访问对计算机系统性能的约束将越来越强，因此需要更多的体系结构创新，计算机科学与技术才可能飞跃发展，迎来高速处理大数据和百亿亿次级超级计算机的时代。培养和研究历史思维、数据思维、计算思维和结构思维，对于培养计算机系统设计人才、解决芯片和系统软件“卡脖子”问题具有重要作用。

思考题

1.1 德国数学家赫尔曼·外尔(Hermann Weyl)著有《对称》[28]一书，论述了对称在艺术和自然领域的体现和应用。从对称的观点出发，思考数据与计算的关系。

1.2 举例说明如何通过优化结构提高计算效率或能量效率。

参考文献

[1] Top 500 Supercomputing site.

[2] Whitehouse news about “advancing-us-leadership-high-performance-computing”.

[3] Beveridge W I B. The Art of Scientific Investigation [M]. New York: Vintage, 1951.

[4] Zhang Y T. Bounded gaps between primes[J]. Annals of Mathematics, 2014, 179(3): 1121-1174.

[5] Sun X H, Ni L M. Another View on Parallel Speedup[C]//Proceedings of International Conference for High Performance Computing, Networking, Storage and Analysis, IEEE, New York, 1990: 324-333.

[6] Sun X H, Wang D W. Concurrent average memory access time[J]. IEEE Computer, 2014, 5: 74-80.

[7] Liu Y H, Sun X H. C^2-bound: A Capacity and Concurrency Driven

Analytical Model for Many-core Design[C]//Proceedings of International Conference for High Performance Computing, Networking, Storage and Analysis, Austin, Texas, 2015: 1-11.

[8] 黑格尔. 哲学史讲演录[M]. 贺麟, 王太庆, 译. 北京: 商务印书馆, 1959: 34-35.

[9] 孙正聿. “哲学就是哲学史”的涵义与意义[J]. 吉林大学社会科学学报, 2011, 051(001): 49-53.

[10] Reed D A, Dongarra J. Exascale computing and big data[J]. Communications of the ACM, 2015, 58(7): 56-68.

[11] Lander L J, Parkin T R. Counter example to Euler's conjecture on sums of like powers[J]. Bulletin of the American Mathematical Society, 1966, 72(6): 1079-1079.

[12] Wing J M. Computational thinking[J]. Communications of the ACM, 2006, 49(3): 33-35.

[13] Turing A M. Computing machinery and intelligence[J]. Mind New Series, 1950, 59(236): 433-460.

[14] Turing A M. ACE Report[R]. 1945: 112.

[15] Khan S, Tian Y and Jimenez D A. Sampling Dead Block Prediction for Last-Level Caches[C]//Proceedings of the 43rd Annual IEEE/ACM International Symposium on Microarchitecture, 2010: 1-12.

[16] Liu Y H, Sun X H. LPM: Concurrency-Driven Layered Performance Matching[C]//Proceedings of the 44th International Conference on Parallel Processing, Beijing, 2015: 1-10.

[17] Waldrop M M. More than Moore[J]. Nature, 2016, 530: 145-147.

[18] Borkar S. Thousand core chips: A Technology Perspective[C]//Proceedings of the 44th Design Automation Conference, San Diego, 2007: 746-749.

[19] Denard R H. Design of ion-implanted MOSFETs with very small physical dimensions[J]. IEEE Journal of Solid-State Circuits, 1974, 9(5): 256-268.

[20] Hu W, Zhang Y, Yang L, et al. Godson-3B1500: A 32nm 1.35GHz 40W 172.8GFLOPS 8-core processor[C]. IEEE ISSCC, 2013: 54-55.

[21] Leiserson C E, Thompson N C, Emer J S, et al. There's plenty of room at the top: What will drive computer performance after Moore's law? [J]. Science, 2020, 368(6495): 1079-1086.

[22] Chen L C, Chen M Y, Ruan Y, et al. MIMS: Towards a message interface based memory system[J]. Journal of Computer Science and Technology,

2014，29(2)：255-272.

[23] 冯友兰. 中国哲学简史[M]. 北京：北京大学出版社，2010.

[24] 陈国良，王志强，毛睿，等. 大学计算机：计算思维视角[M]. 北京：高等教育出版社，2014.

[25] 陈国良，董荣胜. 计算思维的表述体系[J]. 中国大学教学，2013，12：22-26.

[26] 尹宝林. 编程实践是培养计算思维的必由之路[J]. 中国计算机学会通讯，2019，15(10)：55-57.

[27] Moore G E. Cramming more components onto integrated circuits[J]. Electronics Magazine，1965，38(8)：114-117.

[28] 赫尔曼·外尔. 对称[M]. 冯承天，陆继宗，译. 上海：上海科技教育出版社，2002.

2 新时代计算机领域面临的若干科学问题

2.1 引言

本章以《科学》杂志公布的125个问题中与计算机科学相关的6个问题为线索，评述了大数据和人工智能这两个专题的专家访谈，提出了数据价值密度的概念，从热力学熵的角度分析了计算的作用，讨论了洞察与智能的关系以及生成智能的系统整体涌现性。

为了庆祝ACM图灵奖设立50周年，ACM汇聚了图灵奖得主和其他ACM专家分别就5个主题发表见解，本章归纳总结了历史上多位图灵奖得主对这些问题的见解[1,2]。

2005年《科学》杂志在其创办125年之际，公布了125个在当时看未来25年最具有挑战性的科学问题[3]。我们筛选出了其中与计算机科学有关的问题，共6个。从2005年到现在已经过去了计划时间的一半多，现在看这些问题还没有完全解决，但是相对2005年，我们能显著地感觉到现在距离问题的答案越来越近了。从2005年开始多核和众核处理器逐渐成为主流，图形处理器(Graphics Processing Unit，GPU)得到广泛应用，系统的计算能力和存储能力有了指数级速度的增长，在此背景下大数据和人工智能在过去十余年有了蓬勃发展。战胜人类棋手的谷歌AlphaGo、谷歌张量处理器(Tensor Processing Unit，TPU)、中国寒武纪智能芯片等反映了应用上的进步，相关性新度量[4]、传统计算限制的分析[5]、可靠性墙[6]等则反映了理论上的进步。下面以这6个问题为线索，对大数据和人工智能这两个主题浅谈一些认识。

2.2 问题一：意识的生物学基础是什么

问题一表面上是生物学要研究的问题，但实际上也是计算机科学要研究的问题。相对生物学来说，这些问题或许对计算机科学更重要，原因是生物是“已经被设计完成”的结果，而计算机尚处于演变之中，是“正在被设计之中”

的对象，目前尚不具有意识和思维。图灵本人也对这一问题具有极大的兴趣[7]。冯·诺依曼于1945年3月起草了一个101页的全新的存储程序通用电子计算机方案EDVAC[8]，该方案除了对后来计算机的设计有决定性的影响，特别是确定计算机的结构、采用“存储程序”方式以及二进制编码等，至今仍为主流电子计算机设计者所遵循；在该报告中，第2、4、6章还对意识的生物学基础包括神经元结构进行了探讨，可以看出冯·诺依曼的目标是设计出一个类似于“人脑”的计算机[8]。判断是否是真正意义上的“电脑”，标志就是是否有意识。显然，冯·诺依曼的目标至今仍然没有实现，所以还需要继续研究意识的生物学基础。

2.3 问题二：记忆如何存储和恢复

问题二表面上也是生物学要研究的问题，但对于计算机科学来说，是存储系统和可靠性方向研究的本质问题。在计算机系统中，数据需要存储起来，在需要的时候需快速恢复，需要通过数据访问。存储介质分为非易失性存储介质和易失性存储介质，非易失性存储介质无须持续供电也能够保持内部存储的数据状态，这样就可以在不需要的时候将其断电。新型非易失性存储器件与相应的管控系统不断涌现，为大数据和人工智能的发展建立了物质基础。

2.4 问题三：怎样从海量生物数据中产生大的可视图片

问题三是大数据直接引发的需要研究的问题。1968年，图灵奖获得者理查德·卫斯里·汉明(Richard Wesley Hamming)认为“计算的目的不在于获得数字，而在于洞察事物”。

洞察这个能力很重要，它可能是智能的一部分，甚至可能是较高级的一部分。大数据的一个重要特征是价值密度低。从海量数据中产生大的可视图片，实际上就是获得洞察，是一个提高数据价值密度的过程，可视图片是完成洞察的触发器。

“数据品位”这个概念是我们借鉴地质科学中矿石品位提出的一个新术语。在地质科学中，矿石品位是指单位体积或单位质量矿石中有用组分或有用矿物的含量。问题三推广开来，不限于生物数据，可以是其他各个领域的数据，是一个极其重要的科学问题，即：因果关系与相关性有什么关系？如何从大数据中导出因果关系？现在大数据分析，只可以给出相关性[9]，很难给出因果性。这是一个尚未突破的基本理论问题。如果不能导出因果关系，可能就不能完成洞察。人工智能在学习理论上还有较长的路要走。如果能够在问题三上取得突破，科学研究的四个范式之间就可以相互促进乃至相互转化，数据科学从理论到技术都将更为成熟，而现在尚处于经验积累阶段。

2.5 问题四：什么是传统计算的极限

2014 年《自然》的一篇论文[5]对传统计算的极限进行了比较全面的讨论。光速(3×10^8 m/s)是物质运动的最高速度，所以信号在一个时钟周期内传播的距离很有限，比如对于 4 GHz 处理器，时钟周期是 0.25 ns，信号在一个时钟周期内最快可以传输 75 mm。实际上除了光速这种基础限制，还有很多基础限制，比如阿姆达尔定律、古斯塔夫森定律及错误校验等。除了基础限制，还有材料、器件、电路、系统及软件等方面的限制，包括摩尔定律[10]、德纳德缩微定律[11]的失效。这里值得指出的是，关于错误校验和容错，杨学军院士在 2012 年提出并量化了可靠性墙对计算机系统性能的限制，将可靠性与性能这两个量纲截然不同的指标联系了起来，从可靠性的角度探讨了传统计算的极限[9]。

2.6 问题五：量子不确定性和非局域性背后是否有更深刻的原理

问题五与量子计算有关。量子计算是一个有潜力的方向，但还需要比较长的时间去发展。2017 年 6 月《科学》杂志以封面论文的形式发表了我国量子科研团队的最新研究成果[12]。利用在轨运行的世界首颗量子科学实验卫星“墨子号”，我国科学家在国际上率先实现了 1200 km 级的星地量子纠缠分发。值得说明的是，现在的量子计算尚处于加密通信等特殊应用阶段。如果通用的量子计算机得以实现，那么将是革命性甚至是颠覆性的进步，在那个时候，由于计算能力有了很多个数量级的提高，大数据和人工智能将具有更强的计算能力基础，因为可计算的数据量的飞速提高，人工智能将高于现在的水平。

2.7 问题六：通过计算机进行学习的极限是什么

问题六是关于计算机学习的极限。需要说明的是，学与习是两个不同的概念，在神经网络中，学表现为训练，习表现为推断。熟读唐诗三百首，不会作诗也会吟，实际上背诵对应的概念是训练，在这一点上人类学习与机器学习是一致的。作诗是一种形式的计算，作诗的方法是一种算法，要熟悉很多算法，才能培养算法的分析能力和构思能力。要养成善于、乐于熟悉他人算法的习惯和对于实际问题善于、乐于构思自己算法的习惯。前者是后者的基础，后者是基于前者学而时习之的过程。

计算机学习的极限是成为真正的“电脑”。这一极限能否实现，是问题六的实质内容。1969年图灵奖获得者马文·明斯基(Marvin Minsky)认为“大脑无非是肉做的机器而已”。1967年图灵奖获得者莫里斯·威尔克斯(Maurice Vincent Wilkes)则认为“动物和机器是用完全不同的材料，按十分不同的原理构成的”。两位科学家的见解表面上看是不相容的，但问题在于他们说的机器这个术语是否具有同一含义。明斯基所说的机器是未来的经过充分发展之后的机器，而威尔克斯所说的机器是当时的没有经过充分发展的机器。所以，同一概念随着时间的变化，其内涵与外延可能也要发生变化。明斯基是理论家，是框架理论的创立者；而威尔克斯是实践家，是世界上第一台存储程序式电子计算机EDSAC的设计者，他们的经验基础不同，看待事物的角度也有所不同。目前看来，人相对机器的优势在于艺术性方面而不是技术性方面。艺术需要技术的支持，又在技术的基础上表现着思维与情感；技术则是功能与理性的实现工具，它的不断更新又为艺术的表现形式提供了多样性。

2.8　结束语

首先，从计算机本身看，未来若干年传统计算将继续发掘潜力并与量子计算的孕育诞生同时进行，摩尔定律和香农定理的上限将被逼近，四个科学范式将相互促进甚至相互转化，物理学与计算机科学等科学将高度融合，大数据和人工智能将以计算和存储能力的进步为基础继续蓬勃发展。

其次，从计算机对人类的影响看，计算机已经并将继续极大地改变人类的生产方式、生活方式乃至思维方式。物理学家于2017年给出了热力学第三定律的数学证明[9]，从热力学的角度看，系统调度和管理的目的在于减熵。削减系统熵的过程，是增加系统秩序、优化用户体验的过程[14,15]。从晶体管、功能单元、微处理器到计算节点，从局域网、城域网、广域网到万维网，通过减熵，系统有了足够的秩序，才能减少系统动荡和内部互扰[16]，使系统处于低熵的运行状态。

最后，从计算机系统设计者的角度看，系统设计需要运用体系结构思维，注重体系结构创新，强调智能可能产生于系统整体涌现性[16]。整体大于部分之和，各个组成部分以层次化的方式逐级凝聚出新的特性，最后可能突然产生智能。对计算机系统来说，在现阶段，可以从系统体系结构层次出发，着眼于系统整体涌现性实现所需的本质要件，给出多个计算主体和存储主体之间必须遵守低熵的科学解释，帮助解决计算系统设计、实现和应用中的各种实际问题。

思考题

2.1 动物和机器存在哪些联系和区别?

2.2 传统计算存在哪些基本限制?

2.3 如何测度超级计算机所面临的可靠性墙?先独立思考，然后与文献[6]的结果进行比较。

参考文献

[1] CACM. 大数据[J]. 刘宇航，译. 中国计算机学会通讯，2017，13(7)：85-87.

[2] CACM. 人工智能[J]. 刘宇航，译. 中国计算机学会通讯，2017，13(7)：76-78.

[3] Kennedy D, Norman C. What don't we know? [J]. Science, 2005, 309(5731): 75.

[4] Reshef D N, Reshef Y A, Finucane H K, et al. Detecting novel assocation in large data sets[J]. Science, 2011, 334: 1518-1524.

[5] Markov I L. Limits on fundamental limits to computation[J]. Nature, 2014, 512(7513): 147-154.

[6] Yang X J, Wang Z Y, Xue J L. The reliability wall for exascale supercomputing[J]. IEEE Transactions on Computers, 2012, 61(6): 767-779.

[7] Turing A M. Computing machinery and intelligence[J]. Mind, 1950, LIX(236): 433-460.

[8] von Neumann J. First Draft of a Report on the EDVAC [R]. Technical Report, 1945.

[9] Masanes L, Oppenheim J. A general derivation and quantification of the third law of thermodynamics[J]. Nature Communications, 2017: 14538.

[10] Waldrop M M. More than Moore[J]. Nature, 2016(530): 145-147.

[11] Denard R H. Design of ion-implanted MOSFETs with very small physical dimensions[J]. IEEE Journal of Solid-State Circuits, 1974, 9(5): 256-268.

[12] Yin J, Cao Y, Li Y H, et al. Satellite-based entanglement distribution over 1200 kilometers[J]. Science, 2017, 356(6343): 1140-1144.

[13] Hamming R W. Numerical Methods for Scientists and Engineers[M]. New York: McGraw-Hill, 1973: 305.

[14] 华为大学. 熵减：华为活力之源[M]. 北京：中信出版集团，2019.

[15]　Cocke J. The search for performance in scientific processors[J]. Communications of the ACM, 1988, 31(3): 250-253.

[16]　苗东升. 系统科学大学讲稿[M]. 北京：中国人民大学出版社，2007.

3 深入理解基本的数理逻辑

3.1 引言

数理逻辑在计算机科学中处于核心位置。数理逻辑包括命题逻辑和谓词逻辑。人类语言中，有些是命题，有些不是命题。从句法来说，有祈使句、疑问句及感叹句及陈述句。命题必须是陈述句，不能是其他句式。命题逻辑把命题作为一个整体来进行研究；谓词逻辑对命题中的谓语成分进行了进一步的分析。较高的数理逻辑素养，有助于从第一性原理(First Principle)的角度思考科学问题，用形式化的方法描述和解决问题。在本章中，我们将简要介绍形式化、集合论、数学的物理解释、最小完全集、悖论、概率及指数函数等概念，重在启发思考问题的角度，而不是具体知识的陈述。

3.2 形式化对于科学的意义

形式化在很多重要的工作中都发挥了重要作用。1936年图灵发表了《论可计算数及其在判定性问题中的应用》一文，奠定了计算机科学关于可计算性的理论基础。2020年10月清华大学发表了关于神经形态完备性的证明[1]，使用了形式化的方法。2020年11月图灵奖获得者曼纽尔·布鲁姆(Manuel Blum)形式化地定义了有意识图灵机和意识[2]。

形式化是数理逻辑的精髓，但是形式化不直观，这里就需要理解科学的本质特征，科学是符号化、逻辑化、形式化、定量化的。这几个特征，如果加上"主义"，就变成符号主义、逻辑主义、形式主义、数据主义。

内容与形式是对立统一、密不可分的。内容是形式的核心和基础，形式是内容的外现和表观。没有合适的形式，内容可能不能充分精确地无歧义地表达。符号化、形式化就避免了出现歧义问题，在语义内容与符号形式之间有严格的约定和规则，防止作者与读者之间出现信息传导的畸变。

形式化并不是没有缺点，形式化是机械的，人脑不是机械的，人脑不是以形式化进行思维的。需要强调的是，科学只是人类认识世界多种方式中的一种，其他还包括神话、宗教、常识、艺术、伦理、科学、哲学等[3]。这里需要理解科学与非科学的其他方式之间的关系。我们介绍钱学森和乔治·布尔两位科学家的观点。

钱学森生前有这样的一段论述："我要补充一个教育问题，培养具有创新能力的人才问题。一个有科学创新能力的人不但要有科学知识，还要有艺术修养。没有这些是不行的。小时候，我父亲就是这样对我进行教育和培养的，他让我学理科，同时又送我去学音乐。就是把科学和文化艺术结合起来。我觉得艺术上的修养对我后来的科学工作很重要，它开拓科学创新思维。现在，我要宣传这个观点。"

乔治·布尔在他的著作中研究了形式化的规律，在结尾却非常客观谦逊地指出形式化的局限性。乔治·布尔说[4]："即使是物质世界的无限尺度、普遍秩序、恒定规律，这些也未必能被最精确地追踪证明步骤的人完全理解。如果我们在研究中接受生活的兴趣和责任，那么单纯的推理过程几乎没有让我们理解它们所提出的更主要的问题！因此，数学或演绎才能的培养确实是智力学科的一部分，但注意它只是其中的一部分。"

3.3 形式化过程的基本步骤

形式化是一个构建形式系统的过程，分 4 个步骤进行。第一，列举符号，也就是准备一个形式演算所用的符号的完整列表，即词汇表。第二，制定"形成规则"，哪一些词汇表中的符号的组合可被视为"公式"。形成规则就是我们通常说的语法，或者说形式系统的语法。第三，制定"变换规则"，说明公式之间如何进行变换或演绎。第四，选择一些公式作为公理(又称"原始公式")，作为整个形式系统的基础。

我们借用更一般的"肇基"的概念，它是指整个系统的基础或源头，是公理或原始公式概念的推广，是第一性原理的核心。公理是形式系统的"肇基"，非形式系统没有明确的公理，但也有潜在的"肇基"。

所谓的形式证明或演示，是指一个公式组成的有限长度的序列，这个序列中的每一个公式，或者是公理，或者是由序列中排在前面的公式运用变换规则得到。证明就是一个演示的过程，也就是演示所要证明的公式是如何一步一步地变换而来，这是一个揭示奥秘、建立联系的过程。在递归函数部分中的生成序列本质上就是形式证明。

3.4 集合的含义

集合是一个非常基本的概念，但实际上值得挖掘的东西很多，如关于无穷集合的问题、悖论的问题、可计算性及可判定性问题等。

集合论是研究集合一般性质的数学分支。集合论的创立人是康托尔(Cantor, 1845—1918)，他在朴素、直观的意义上理解集合，在1875年给出了这样的经典定义：“我们将集合理解为任何将我们思想中那些确定而彼此独立的对象放在一起而形成的聚合。”[①]

这个定义是朴素、直观、符合直觉的，集合包含的对象或客体称为集合的元素(或称为集合的成员)，集合指总体，元素指组成总体的个体。这里需要指出以下两点。

第一点，要区分总体-个体、整体-部分之间的差异。总体是个体的抽象，个体是总体的实例。整体具有部分所不具有的新的性质。总体-个体之间的关系，是统计学关注的内容；整体-部分之间的关系，是系统论关心的内容。

第二点，集合中的对象可以只存在于思想中，可以是抽象的但是是确定的、无歧义的，这就极大拓展了集合论所能研究的内容。思维的对象不再局限于现实世界。从智能的角度看，以人为首的生物是最智能的，生物的规律要退到物理和化学中解释，物理、化学的规律要退到数学中解释，数学的规律要退到逻辑学中解释，逻辑学的规律要退到哲学中解释，如图3-1所示，每一次回退都更一般化、抽象化，反过来，每一次推进都更特殊化、具体化。

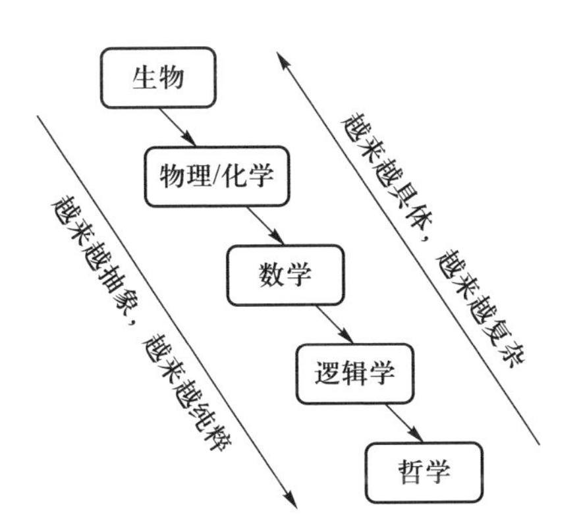

图3-1 若干学科之间的关系

3.5 数学的物理解释

从数学的角度去理解物理，从物理的角度去理解数学，是体系结构设计者需要掌握的一项重要能力，读者可以通过下面的例题体会。

例题：从物理的角度解释数学表达式

① 见康托尔《超穷数理论基础》一书，原著为德文，有英译本：*Contributions to the Founding of the Theory of Transfinite Numbers*, Philip E. B. Jourdain, Dover Publications, 1915.

$$\frac{\left(\sum_{i=1}^{n} a_i\right)\left(\sum_{i=1}^{n} b_i\right)}{\sum_{i=1}^{n}(a_i+b_i)} \geqslant \sum_{i=1}^{n} \frac{a_i b_i}{a_i+b_i}$$

其中，a_i，b_i $(i=1, 2, \cdots, n)$为正实数。

解答：运用欧姆定律，用等价电阻去解释数学表达式。表达式左端先串联后并联，表达式右端先并联后串联，如图 3-2 和图 3-3 所示。

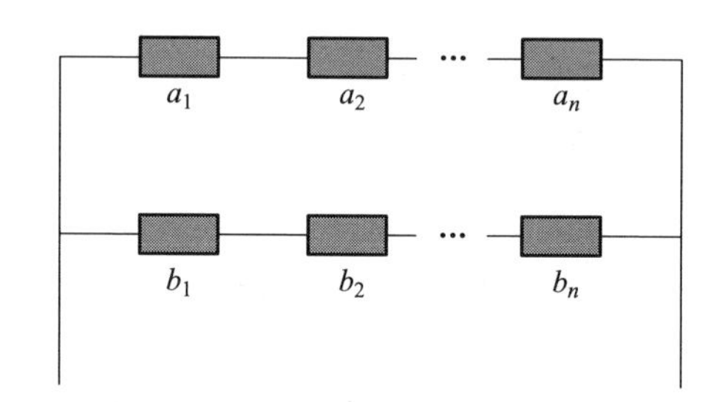

图 3-2　表达式左边对应的电路

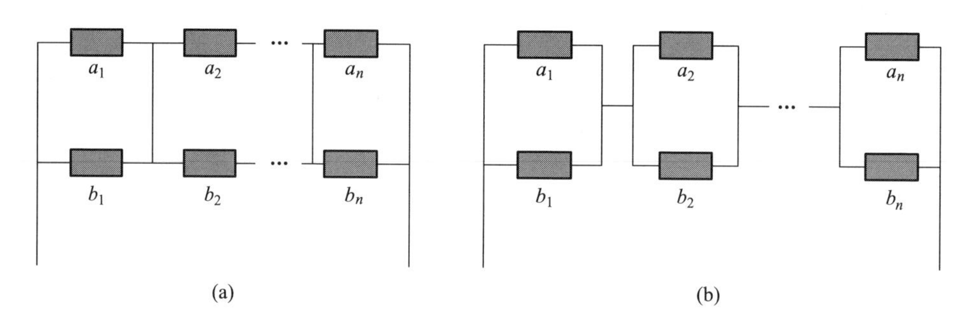

图 3-3　表达式右边对应的电路

添加导线相当于增加等效电阻的横截面积，所以表达式左端大于等于右端。

□

点评：数学比物理更抽象更一般，物理比数学更具体更现实。数学证明、物理实验是两种不同的研究方法，可以互相佐证和补充。牛顿发明了微积分，将物理极大程度地数学化了；反过来，用物理原型来解释数学结论获得直观的理解也是很有趣的事情。

3.6　悖论的实例及图形化

我们通过下面的例题来表述悖论及图形化。

例题：试用自然语言表述“理发师悖论”，并画出示意图；试修改表述以消除悖论，并画出示意图。

解答：一位理发师说“我只给所有不给自己理发的人理发”。如果这位理发师给自己理发，那根据他的表述，他不给自己理发；如果这位理发师不给自己理发，那根据他的表述，他给自己理发。无论哪一种假设情形，都出现了无所适从的局面。如图 3-4 所示，小球在推理的前提假设之中处于一种状态，而在推理的结论之中处于另一种状态，小球将永远在这两种对立的状态之中不断地切换，出现一种无休止的(restless)动荡状态。

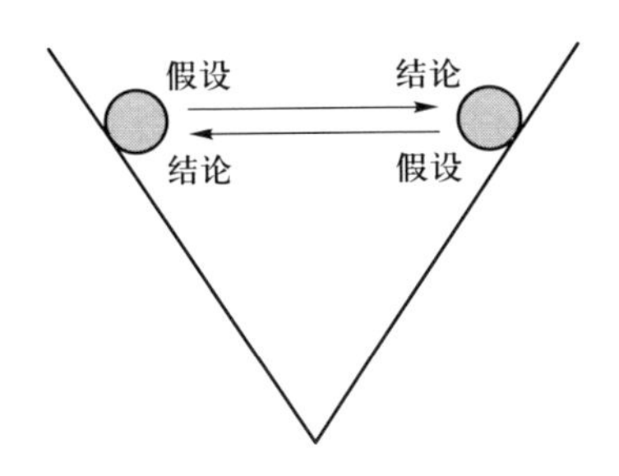

图 3-4 “理发师悖论”的图形化理解

为了消除悖论，我们做以下修改：“我只给所有(除了我)不给自己理发的人理发”。如果这位理发师给自己理发，那根据他的表述，他可以给自己理发；如果这位理发师不给自己理发，那根据他的表述，他可以不给自己理发。无论哪一种假设情形，都能够成立。如图 3-5 所示，小球在推理的前提假设之中处于一种状态，在推理的结论之中处于另一种状态，没有在两种对立状态之间不断地切换，小球滑落后即稳定下来。

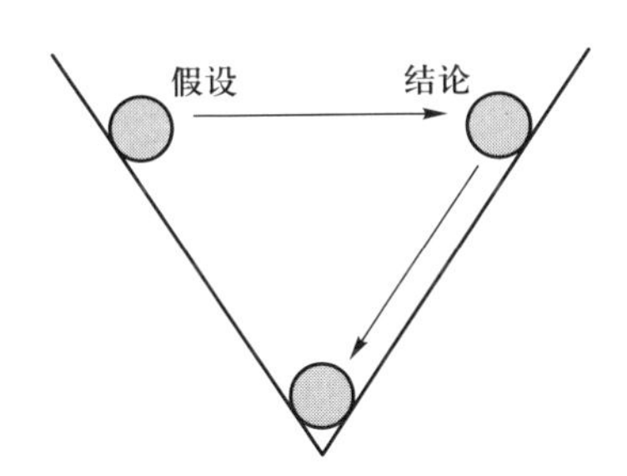

图 3-5 结论在悖论被消除之后处于稳定状态

3.7 数学的图形化理解

数学与物理，各具特点；代数与几何，也各具特点。相对来说，代数是抽象的，几何是具体的。几何问题可以通过代数来解决，这是笛卡尔创立的解析几何的思想。代数问题，也可以通过几何来解释或解决，并获得一种直观的理解。计算机体系结构设计者在设计过程中，需要在数学空间与物理空间之间不断切换，在代数与几何之间不断切换。

例题：尝试用图形表示和理解 $1+2+\cdots+(k-2)+(k-1)+k+(k-1)+(k-2)+\cdots+2+1=k^2$。

解答：如图 3-6 所示，有一个递增的等差数列，逆序排列得到的新序列仍然是一个等差序列。将逆序列与原序列逐项相加，得到第三个序列，这个序列各项相等，公差为 0。

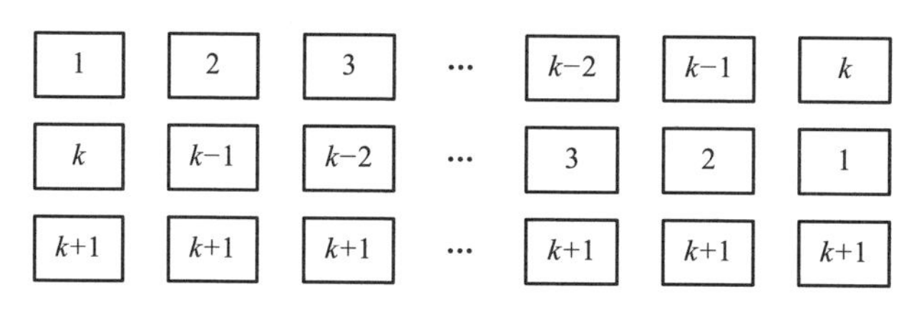

图 3-6　递增序列、递减序列及逐项相加序列

$1+2+\cdots+(k-2)+(k-1)+k+(k-1)+(k-2)+\cdots+2+1$ 是一个左右对称的序列和，与图 3-6 相比，只缺少了一项 k，所以它的值等于 $k(k+1)-k=k^2$。 □

点评：上述方法是高斯所用的方法。通过这个例题，读者要体会序列、对称及中和等概念。

例题：试证明 $1^3+2^3+3^3+\cdots+n^3=(1+2+\cdots+n)^2$。

解答：方法一，数学归纳法。

当 $n=1$ 时，左式等于 1^3，右式等于 1^2，显然 $1^3=1^2$。

假设 $n=k(k\geqslant 1)$ 时，左式等于右式，即 $1^3+2^3+3^3+\cdots+k^3=(1+2+\cdots+k)^2$，

现在我们看 $n=k+1$ 时，左式是否等于右式。注意到 $(k+1)^3=(k+1)^2+2(1+2+\cdots+k)(k+1)$，此时

$$\begin{aligned}
\text{左式} &= 1^3+2^3+3^3+\cdots+k^3+(k+1)^3 \\
&= (1+2+\cdots+k)^2+(k+1)^3 \\
&= (1+2+\cdots+k)^2+(k+1)^2+2(1+2+\cdots+k)(k+1) \\
&= [(1+2+\cdots+k)+(k+1)]^2
\end{aligned}$$

于是左式等于右式成立。

方法二，图形的方法。

解答：同样的数据，从不同的角度，按照不同的顺序，可以发现不同的模式。求解过程如图 3-7 和图 3-8 所示。

我们已经知道

$$1+2+\cdots+(n-2)+(n-1)+n+(n-1)+(n-2)+\cdots+2+1=n^2$$

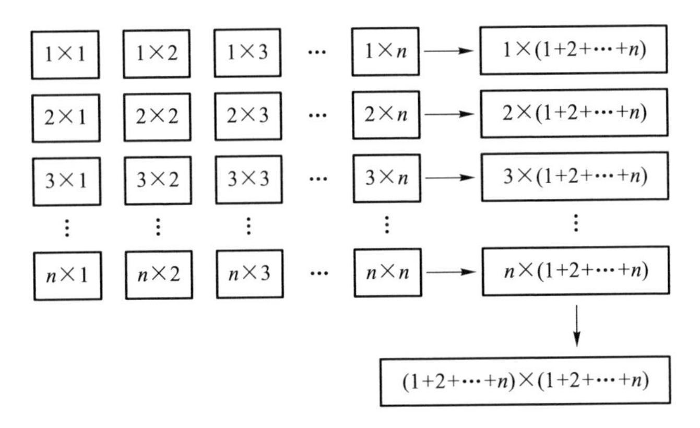

图 3-7　逐行视角

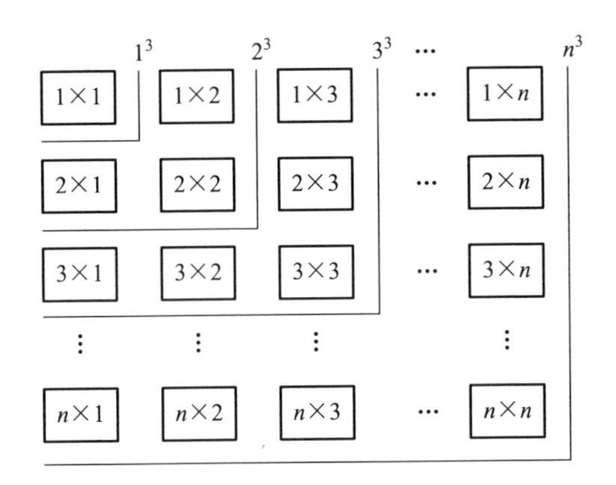

图 3-8　折线视角

那么在每一项上乘以 n，得到

$$n\times1+n\times2+\cdots+n\times(n-2)+n\times(n-1)+n\times n+n\times(n-1)$$
$$+n\times(n-2)+\cdots+n\times2+n\times1=n^2\times n=n^3$$

□

点评：如何划分数据集是算法的一部分，不同的划分方式对应着不同的算法。在经典的并行计算中涉及划分数据集，需要考虑数据访问的局部性、负载均衡及处理器之间的通信开销等。

3.8　排中律、同一性和矛盾律的统一

排中律是形式逻辑的基本规律之一，排中律指在同一个思维过程中，两个相互矛盾的思想不能同假，即要么 A 为真非 A 为假，要么 A 为假非 A 为真。在

通常条件下，排中律是保证真理性的一个重要条件，如果违反了排中律，谬误就产生了。

例题：尝试用命题逻辑公式表示排中律，比较排中律、同一性和矛盾原理。

解答：在命题逻辑中，排中律的逻辑公式为

$$\neg A \lor A$$

它的析取说明了 A 和非 A 之中至少有一个为真，A 和非 A 对立，进一步说明了 A 和非 A 之中只有一个为真，综合起来，就是要么 A 为真非 A 为假，要么 A 为假非 A 为真。这个逻辑公式等价于

$$A \to A$$

蕴涵关系 $A \to A$ 是事物同一性的符号表示。

上述逻辑公式都等价于

$$\neg(A \land \neg A)$$

这个公式说明，A 和非 A 两者不能同时为真，即矛盾原理。 □

点评：排中律、同一性、矛盾原理三者有不同的侧重点，但本质上是相同的。

3.9　最小完全集

道生一，一生二，二生三，三生万物。以有限衍生出无限，毫无疑问是值得研究的现象。由于人类的注意力、耐心的稀缺性，人类总是希望以有限把握无限。由于计算机系统能够实现的指令种类和数量的有限性，系统设计者总是希望以少量的指令集实现任意合法程序。本节将通过例题讨论最小完全集。

例题：论证利用与门、或门、非门和复制门可以构造出任意函数。复制门是指将一个比特复制为两个比特，又称扇出门。

解答：对于任意函数 f，它的输入为 n 位字符串，输出为 m 位字符串，即

$$f:\{0,1\}^n \to \{0,1\}^m$$

该函数的输出为 m 位，我们把它写为 m 个单比特函数

$$f=(f_1, f_2, \cdots, f_m)$$

其中，

$$f_i:\{0,1\}^n \to \{0,1\},\ i=1, 2, \cdots, m.$$

对于 f_i，它的输入为 n 位字符串 $a=(a_{n-1}, a_{n-2}, \cdots, a_1, a_0)$，输入有 2^n 种组合，找出使得 f_i 为 1 的组合(这些组合称为小项)。

假设共有 k 个小项，将 f_i 表示成 k 个小项的逻辑或：

$$f_i(a)=f_i^{(1)}(a) \lor f_i^{(2)}(a) \lor \cdots \lor f_i^{(k)}(a)$$

举例来说，$a=(a_3, a_2, a_1, a_0)$，f_i 有且仅有 2 个小项(即 $k=2$)，$a^{(1)}=$

$(1, 0, 1, 0)$，$a^{(2)}=(0, 1, 1, 0)$，有

$$f_i^{(1)} = a_3 \wedge \bar{a}_2 \wedge a_1 \wedge \bar{a}_0$$

$$f_i^{(2)} = \bar{a}_3 \wedge a_2 \wedge a_1 \wedge \bar{a}_0$$

□

点评：$\{\wedge, \vee, \neg, c\}$是一个完全集，在下面我们将会看到它不是最简的。但$\{\wedge, \vee, \neg, c\}$这个集合很重要，功能上很完备，是后续讨论、构造和证明最小完全集的一个很好的基础。

例题：论证利用与门、非门和复制门可以构造任何函数。

解答：因为

$$\overline{\bar{a} \wedge \bar{b}} = a \vee b$$

可见用与门、非门可以构造出或门，这样我们知道$\{\wedge, \vee, \neg, c\}$这个集合中的或门是冗余的。而且，我们知道与门不能构造出非门，非门也不能构造出与门。所以，$\{\wedge, \neg, c\}$是最小完全集，没有冗余的门可被精简。 □

例题：论证利用或门、非门和复制门可以构造任何函数。

解答：因为

$$\overline{\bar{a} \vee \bar{b}} = a \wedge b$$

可见用或门、非门可以构造出与门，这样我们知道$\{\wedge, \vee, \neg, c\}$这个集合中的与门是冗余的。而且，我们知道或门不能构造出非门，非门也不能构造出或门。所以，$\{\vee, \neg, c\}$是最小完全集，没有冗余的门可被精简。 □

点评：从上面的例题中可以看出，非门不可或缺，这一点在信息论上和哲学的辩证法上，都有重要意义，“否定”具有不可替代性。

例题：论证利用与非门和复制门可以构造任何函数。

解答：已知仅利用与门、或门、非门和复制门就可以构造出任意函数，所以我们只需判断能否只使用与非门和复制门表示与门、或门、非门。

$$\overline{a \wedge a} = \bar{a} \tag{3-1}$$

$$\overline{\bar{a} \wedge \bar{b}} = a \vee b$$

$$\overline{\overline{a \wedge a} \wedge \overline{b \wedge b}} = a \vee b \tag{3-2}$$

$$\overline{\overline{a \wedge b}} = a \wedge b$$

$$\overline{\overline{a \wedge b} \wedge \overline{a \wedge b}} = a \wedge b \tag{3-3}$$

由式(3-1)，得

$$a \uparrow a = \bar{a}$$

由式(3-2)，得

$$(a \uparrow a) \uparrow (b \uparrow b) = a \vee b$$

由式(3-3)，得

$$(a \uparrow b) \uparrow (a \uparrow b) = a \land b$$

□

点评：与非门能构造出非门，但非门不能构造出与非门。可以发现，不同类型运算(算子)的地位和能力是不一样的。

3.10 概率

概率是一个重要但并不容易掌握的概念，理解起来需要一些想象力，需要克服僵化的、静止的思维习惯。概率对于我们研究和设计体系结构具有重要作用。一个计算机要执行哪些应用以及每一种应用的次数、机器要面向怎样的应用程序或负载进行设计、程序执行过程中每一次分支的结果、高速缓存的行为、意识或智能的物质基础和机制机理，等等，可能都与概率有关。图灵1950年在《计算机器与智能》一文中，专门讨论和考虑了概率在实现机器智能时可能发挥的作用。

人类所观察到的现象有两种类型。第一种现象是事先可预言的，即在相同条件下它的结果总是肯定的；或者是根据历史状态，在相同条件下完全可以预测将来的发展，这一类现象称为确定性现象。第二种现象是事先不可以预测的，即在相同条件下重复进行试验，每次结果不完全相同；或者是已知过去，在相同条件下未来的发展不完全确定，这一类现象称为随机现象。

例题：判断下列现象是确定性现象还是随机现象：①1+1=2；②在欧氏空间中，直角三角形斜边的平方等于两个直角边的平方和；③一台服务器在单位时间内收到的请求数；④一个给定的程序在一台给定计算机上运行一次需要的时间。

解答：现象①和②属于确定性现象。1加1肯定等于2，不是有时等于有时不等于，也不是可能等于可能不等于。在欧氏空间中，直角三角形斜边的平方等于两个直角边的平方和，这是完全确定的，注意其中的前提“在欧氏空间中”。

现象③和④均属于随机现象。对于一台服务器在单位时间内收到的请求数，我们事先并不能确切知道。一个给定的程序在一台给定计算机上运行一次需要的时间受硬件、软件等很多因素的影响，每一条指令、每一次访存所需要的时间在实际发生之前都是不能确定的。在云计算系统中，这种不确定性更严重、更普遍，往往对用户体验产生重要的影响。 □

从第一性原理的角度看，公理化具有重要意义。概率的公理化是苏联数学家柯尔莫哥洛夫在1933年完成的，我们在这里简要介绍。读者可以思考概率的公理化定义和后续章节即将介绍的香农熵的公理化定义，分析两者的联系和区别。

设 E 为随机试验，Ω 是它的样本空间，F 是 Ω 的一些子集所组成的集类。如果 F 满足以下条件：① $\Omega \in F$；② 若 $A \in F$，则 $\overline{A} \in F$；③ 若 $A_i \in F$，$i=1$，2，…，则 $\bigcup_{i=1}^{\infty} A_i \in F$，则称集类 F 为 σ-代数，称 F 中的元素为事件，Ω 为必然事件，空集 $\varnothing$ 为不可能事件，(Ω, F) 为可测空间。

对于 $A \in F$，定义实值集函数 $P(A)$，若它满足如下三个条件：① 非负性条件，即对每个集合 $A \in F$，都有 $0 \leqslant P(A) \leqslant 1$；② 规范性条件，即 $P(\Omega)=1$；③ 可列可加性条件，即设 $A_i \in F$，$i=1, 2, \cdots$，且 $A_iA_j=\varnothing$，$i \neq j$，$i, j=1, 2, \cdots$，有

$$P\left(\bigcup_{i=1}^{\infty} A_i\right)=\bigcup_{i=1}^{\infty} P(A_i)$$

则称集合函数 $P(\cdot)$ 为 (Ω, F) 上的概率，$P(A)$ 为事件 A 的概率，(Ω, F, P) 为一个概率空间。

3.11 指数函数

指数函数是形如 $f(x)=a^x(a>0, a \neq 1)$ 的函数。指数函数在计算机科学中的算法复杂度分析、摩尔定律、存储墙问题、计算机系统性能扩展定律、大数据的增长速度等多个方面都有重要的体现和应用。

我们先从一个小的实例看一看指数函数的特点。我们知道 1^{100} 等于 1，1.01^{100} 约等于 2.7，1.1^{100} 约等于 13 780.6，这种急剧增加的性质，有利有弊：对于摩尔定律，非常有利；对于存储墙问题，非常不利；对于计算复杂度问题，非常不利。

同时，在另一方面，我们知道 1^{100} 等于 1，0.99^{100} 约等于 0.366，0.9^{100} 约等于 0，这种急剧减少的性质，也有利有弊：对于摩尔定律，非常不利；对于存储墙问题，非常不利；对于计算复杂度问题，非常有利。

例题：棋盘上有 64 个格子，第一个格子上放 1 粒米，第二个格子上放 2 粒米，第三个格子上放 4 粒米，以此类推。假设 12 粒米质量为 1g，尝试估算第 64 个格子上米粒的质量。

解答：第 64 个格子上有 2^{63} 粒米，即 9 223 372 036 854 780 000(9.22×10^{18})粒米。12 000 粒米质量约为 1kg，1.2×10^{15} 粒米质量约为 1 亿吨。即第 64 个格子上约有 7 686 亿吨的米。

想象对于 14 亿人口，人均 549 吨米，如果每人每天消费 1kg，则第 64 个格子上的米可以消费 1 504 年。 □

点评：这个例题说明了指数函数的倍增威力。起点是 1，倍增系数为 2，都是非常小的数字，而到第 64 步，数字增大到惊人的地步。

例题：阅读提出存储墙问题的论文[5]，分析存储墙问题的数学本质，指出

指数函数在其中的作用，然后尝试做出一些预测。

解答：存储墙问题由 Win. A. Wulf 和 Sally A. McKee 于 1994 年正式提出。原文开始是这样表述的："我们都知道微处理器的速度提升率超越了 DRAM 存储速度提升率——两者都呈指数级增长，但是微处理器对应的指数显著大于 DRAM 对应的指数。两个指数函数的差值[①]也呈指数增长；因此，尽管处理器和内存速度之间的差异已经是一个问题，但在未来的某个时间，它将是一个更严重的问题。这个问题有多严重？这个时刻多久以后到来？这些问题的答案，我们尚不清楚。"

设微处理器速度关于时间的函数为 $Y_1=a^t$（a 为常数且 $a>1$），DRAM 存储速度关于时间的函数为 $Y_2=b^t$（b 为常数且 $b>1$），这里，$a>b$。$Y=Y_1-Y_2=a^t-b^t$ 本身不是一个指数函数，它的导数 $Y'(t)=a^t\ln a-b^t\ln b>0$，说明 Y_1 与 Y_2 之间的差距越来越大，而且差距的增速越来越大。但是，$Y_1/Y_2=a^t/b^t=(a/b)^t$ 是一个指数函数。

为了解决这些问题，原文考虑了平均访存时间的计算式，其中 t_c 和 t_m 是高速缓存和 DRAM 的访问延迟，p 是高速缓存的命中概率，平均访存时间为

$$t_{avg}=p\times t_c+(1-p)\times t_m \tag{3-4}$$

这一结果与约翰·亨尼西（John Hennessy）和大卫·帕特森（David Patterson）所著的《计算机体系结构：量化方法》（*Computer Architecture: A Quantitative Approach*）[6]一书中的平均访存时间是有区别的：

$$t_{avg}=t_c+(1-p)\times t_m \tag{3-5}$$

当存储访问请求在高速缓存中查询发现发生数据缺失时，需要花费访存延迟 t_m，已有查询高速缓存延迟 t_c，所以高速缓存缺失时的延迟为 t_m+t_c，平均访存时间为

$$t_{avg}=p\times t_c+(1-p)\times(t_m+t_c) \tag{3-6}$$

无论使用哪个公式，不会改变定性结论，只改变定量结论。

原文说："首先，我们假设高速缓存的速度与处理器的速度相匹配，具体来说就是，它会随着处理器速度的增长而增长。对于片上高速缓存而言，这肯定是正确的，并且使我们能够轻松地根据指令周期时间（本质上 t_c 为 1 个 CPU 周期）标准化所有结果。其次，假设高速缓存是完美的。也就是说，高速缓存不会发生冲突或容量缺失；缺失只有强制缺失。因此，$(1-p)$ 只是访问以前从未引用过的位置的概率（可以对行大小进行调整，但这不会影响结论，因此我们不会使参数变得过于复杂）。"

上面提到两个假设。① 第 1 个假设是高速缓存的命中时间为一个处理器周期，之所以要这样假设，是因为访问数据是处理器流水线的一个阶段，高速

① 原论文有误，此处"差值"应为"比值"。

缓存命中的延迟为流水线一级的延迟，这样才能保证处理器的流水线不停顿。② 第 2 个假设是高速缓存是完美的。什么是完美的高速缓存？在这里，原文说没有容量缺失和冲突缺失，只有强制缺失。对于多处理器的情形，一致性缺失可能存在，此时如果是完美高速缓存，一致性缺失也是不存在的。

原文接着说："现在，尽管(1-p)很小，但它不为零。因此，随着 t_c 和 t_m 的差距越来越大，t_{avg} 将增加并且系统性能将下降。实际上，它将触及一个墙。在大多数程序中，20%~40%的指令访问内存。为了便于讨论，我们采用较低的数字，20%。这意味着平均而言，在执行过程中，每 5 条指令中就有一条会访问内存。当 t_{avg} 超过 5 个指令时间时，我们将触及墙。那时，系统性能完全取决于内存速度。加快处理器将不会影响完成应用程序的墙时间。"这一段话比较关键。假设指令的访存概率为 20%，而且是每 5 条指令的第一条发出访存请求。这是第 3 个假设。这里需要思考为什么说"当 t_{avg} 超过 5 个指令时间时，系统性能将触及墙"。这里有个隐含的假设：指令是顺序执行的，指令之间没有并行。这是第 4 个假设。

对于假设 4，我们需要思考访存时间能否被计算时间隐藏。如图 3-9 所示，计算时间为 5 个指令周期(Cycles Per Instruction，CPI)，当访存时间 t_{avg} 超过 5 个指令周期时，访存时间不能被计算时间隐藏。当每 5 条指令的第一条发出访存请求时，访存时间能被计算时间最大限度地隐藏，程序执行时间为 $\max(t_{avg},\ 5CPI)=t_{avg}$。

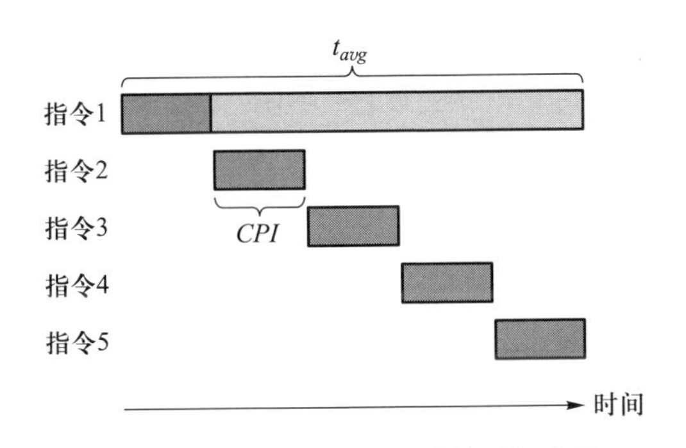

图 3-9 访存时间不能被计算时间隐藏

程序执行时间等于平均访存时间，此时，称程序性能受限于访存性能。加快处理器的速度，将会减小平均每条指令花费的周期数，但不会缩短程序执行时间。表述如下：若程序执行时间为 $\max(a,\ b)$，$a>b$，则缩小 b 对缩短程序执行时间没有益处，此时也称程序性能受限于 a。

原文接着说："没有简单的方法可以解决这个问题。我们已经假设有一个完美的缓存，所以更大/更智能的高速缓存将无济于事；我们已经在使用内存的全部带宽，因此预取或其他相关方案也无济于事。我们可以考虑可能要做的其他事情，但首先让我们推测一下何时可能触及墙。"更大的高速缓存是为了减少容量缺失，更智能的高速缓存是为了减少冲突缺失。如果应用程序的空间局部性好，则通过较大的高速缓存块可以减少强制缺失。

原文接着说："假设强制缺失率为1%或更小，并且存储器层次结构的下一级延迟是当前高速缓存延迟的三倍。如果我们假设DRAM的速度每年增长7%，并且根据Baskett的估计，微处理器的性能每年增长80%，则每个存储访问的平均周期数在2000年为1.52，2005年为8.25，2010年为98.8。在这些假设下，距离存储墙出现已不足10年。"

这里说明上述计算是如何进行的。缺失率 $1-p=1\%$，即 $p=0.99$。这篇文章写于1994年，以1994年为元年，2000年是第6年，2005年是第11年，2020年是第26年。由式(3-4)，考虑时间(年)因素，有

$$t_{avg}(n) = 0.99 \times 1 + 0.01 \times t_m(n)$$

$$t_m(n) = 4 \cdot \left(\frac{1}{1.07}\right)^{n-1} \bigg/ \left(\frac{1}{1.8}\right)^{n-1}$$

具体地，

$$t_m(6) = 4 \cdot \left(\frac{1}{1.07}\right)^{5} \bigg/ \left(\frac{1}{1.8}\right)^{5} = 53.89$$

$$t_{avg}(6) = 0.99 \times 1 + 0.01 \times 53.89 = 1.529$$

$$t_m(11) = 4 \cdot \left(\frac{1}{1.07}\right)^{10} \bigg/ \left(\frac{1}{1.8}\right)^{10} = 726$$

$$t_{avg}(11) = 0.99 \times 1 + 0.01 \times 726 = 8.25$$

$$t_m(16) = 4 \cdot \left(\frac{1}{1.07}\right)^{15} \bigg/ \left(\frac{1}{1.8}\right)^{15} = 9781$$

$$t_{avg}(11) = 0.99 \times 1 + 0.01 \times 726 = 98.8$$

之所以说距离存储墙出现已不足10年，是因为2005年 t_{avg} 为8.25，已经小于10。 □

3.12 结束语

数理逻辑是计算机学科的数学理论基础。本章所述的第一性原理、集合论、悖论、最小完全集等内容是数理逻辑中较为基本的部分，也是较为重要的部分。为了设计具有高性能的计算机系统，设计者在思维上需要深刻理解基本的数理逻辑。

思考题

3.1 存储墙问题提出时的4个假设是什么？在过去的20多年中以及在未来，这些假设是否已经动摇或者将会动摇？

3.2 思考悖论在哥德尔不完备定理的证明以及图灵不可计算性的证明中的作用。

3.3 如何证明类脑计算完备性？将思考结果与文献[1]结果相比较。

参考文献

[1] Zhang Y H, Qu P, Ji Y, et al. A system hierarchy for brain-inspired computing[J]. Nature, 2020, 586: 378-395.

[2] Blum M, Blum L. A theoretical computer science perspective on consciousness [J], Preprint, 2020, 1-33.

[3] 孙正聿. 哲学通论[M]. 2版. 上海：复旦大学出版社，2019.

[4] Boole G. An Investigation of the Laws of Thought On Which Are Founded the Mathematical Theories of Logic and Probabilities[M]. Cambridge: Cambridge University Press, 2009.

[5] Wulf W A, Mckee S A. Hitting thememory wall: Implications of the obvious [J]. ACM Sigarch Computer Architecture News, 1995, 23(1): 20-24.

[6] Hennessy J L, Patterson D A. Computer-Architecture: A Quantitative Approach[M]. 6th ed. Cambridge, MA: Morgan Kaufmann, 2018.

Ⅱ　历史思维——基于历史角度的设计方法学

历史是一面镜子，是一个宝库，一切创新都是首先基于历史，然后又归于历史。

4 冯·诺依曼《计算机与人脑》的要点与启发

4.1 引言

如果说对现代计算机产生重要影响的人进行排序，冯·诺依曼和图灵应该排在前几位，在工程设计上冯·诺依曼更是居功至伟，被誉为现代计算机之父。21世纪的第三个10年已经开启，我们希望站在巨人的肩膀上，了解巨人的思想，更好地传承，结合新时代的工艺条件和应用需求，推陈出新。

冯·诺依曼在20世纪50年代中期著有《计算机与人脑》(*The Computer and the Brain*)[1]一书。全书虽然篇幅不长，只有83页，但蕴含着一些在今天看来仍然有启发意义的重要思想。美国IEEE协会计算机学会前主席格里尔说："从书中的字里行间，可以感受到冯·诺依曼在争分夺秒地整理自己的想法"[2]。

我们阅读了冯·诺依曼的这部英文著作，并提炼了10个要点，或许能为今天的计算机基础理论、芯片设计、计算机系统开发等提供一些启发性的指导。

通过这些要点，我们对计算机科学的重要基石有了一些新的认知：有些之前我们认为可能比较新颖的东西，比如层次化存储，实际上在计算机诞生初期就被提出甚至进行了量化分析，现在出现的一些新成果都是这些思想的实现；有些之前我们认为可能比较陈旧的东西，比如虚拟化，实际上换一个角度看可能是一种新的研究思路。真正具有本质的重要性的思想，应该在历史发展中传承和保持下来。

4.2 提出应对经验进行形式化

《计算机与人脑》在引言部分提到，理想的状态不是停留在经验(Body of experience)层次上，而是要对经验进行形式化(Formalized)分析。

当今人工智能、大数据、云计算、边缘计算等领域蓬勃发展，在实践中积累了越来越多的经验，但是理论基础相对薄弱，需要构建各自领域的基础理论。以人工智能为例，数学家丘成桐教授2017年在中国计算机大会上指出[3]，人工智能需要一个坚实的理论基础，否则它的发展会有很大困难。人工智能在工程上取得了很大发展，但理论基础仍非常薄弱。以神经网络为代表的统计方法及机器学习是一个黑箱算法，可解释性不足，需要一个可被证明的理论作为基础。计算机科学家、图灵奖获得者姚期智教授在2017年表示，中国如果要在2030年实现人工智能世界创新中心的战略目标，首先要解决人工智能发展的理论问题[4]。2018年3月，美国国家科学基金会投入了1000万美元支持加州大学伯克利分校研发实时、安全及可解释的人工智能系统。人工智能基础理论的研究将可能成为世界各国科技竞争的一个热点领域。

将更多的以形式化为特征的数学理论应用到计算机科学中，不仅能有效地设计计算机算法，还能给出新兴领域的理论基础，构建新时代的计算机科学。例如，目前已开展针对云计算领域可计算理论的研究，以传统的可计算理论为基础，考虑云计算领域的系统特点（如有限资源共享）和应用特点（如服务质量要求差异），对实现可计算的资源要求和时间要求做了限定。这也是一种对新兴的云计算领域更加实用、精准的理论，称为实用可计算理论[5]。

4.3 提出由一组基本操作通过组合反馈实现复杂操作

《计算机与人脑》的第一部分第一章表达了由一组基本操作实现复杂操作的思想。这一思想可以分解为三层含义：

（1）将操作区分为基本操作和复杂操作两类，基本操作只有少量、固定的几种，复杂操作则种类灵活多样。

（2）由基本操作构成复杂操作的方式只有两种，就是组合和反馈，这对应着组合逻辑电路和时序逻辑电路。

（3）实现给定复杂操作的基本操作组合可能不唯一，从功能上看，可能有多组基本操作都可以实现某一复杂操作，但效率可能有差别。

由一组基本操作实现复杂操作这一思想对于今天的计算机，无论是科学基础理论，还是处理器芯片设计、计算系统设计，都是非常重要的。

对于科学基础理论来说，可计算性理论是计算机科学最核心的基础理论，如果没有可计算性理论，计算机科学将难以称为科学。递归函数是可计算性理论的核心概念，因为图灵可计算函数类就是递归函数类，两者完全等价。递归函数的定义是从少量、简单的基本函数开始的。基本函数有3个：后继函数 $s(x)=x+1$、零函数 $o(x)=0$ 及射影函数 $U(x_1, x_2, \cdots, x_n)=x_j$。这些基本函数通过代入、递归构成复杂函数。值得注意的是，代入、递归与组合、反馈是对应的。冯·诺依曼的这一思想与可计算性理论有非常一致的对应，处于计算机科学理论的核心位置。

对于处理器芯片设计来说，将指令集和程序区分开来，可以用不变的指令构成各种应用程序。指令集如 x86，MIPS，RISC-V 中不同类型的指令都是有限的，同样一个功能的程序用不同的指令实现，效率会有比较大的差异，所以指令集的设计非常重要，比如寒武纪芯片对机器学习领域的应用程序设计了专门的指令集[6]，以获得比传统通用指令集更大的效率提升。

对于计算系统设计来说，需要将处理器核、高速缓存、内存、网络等硬件的特征与应用程序的特征区分开来。计算系统包含处理器芯片，所以计算系统比处理器芯片高一个层次，设计层次相应地从微体系结构上升为体系结构。硬件的特征决定了它满足应用程序需求的能力。当前，设计少量几种加速器配合通用处理器的异构计算成为一种流行模式。加速器比指令更宏观，但本质是一样的，都是完成复杂操作的基本操作。现在需要研究的问题是，应该设计哪些加速器(对应基本操作)，如何协同这些加速器和通用处理器(对应代入、递归，或者说组合、反馈)。

4.4 提出人造计算机和人脑在本质上都是自动机

《计算机与人脑》的第一部分第二章表达了这一思想：自动机是计算机和人脑的基类。他将计算机的存储器称为机器的记忆器官，将运算器称为机器的活跃器官。器官一词的使用，反映了冯·诺依曼对计算机的认识，他采用一种类比的方法来认识计算机。如果人脑和计算机在客观上存在本质上的联系，而这种本质联系是设计出智能计算机所必需的，那么这种类比就是必需的，否则就无法认识这种联系。

表 4-1 比较了人类大脑与微处理器芯片的一些指标，其中微处理器芯片的数据参考了龙芯 3B1500[7]。整体上看，与微处理器芯片相比，人脑内部单元多、能效高、内部互连密集及便于并行处理，这些都值得计算机系统的结构设计者借鉴。

表 4-1 人类大脑与微处理器芯片的比较

	器件数量	功耗/W	频率/Hz	通信	体积/cm^3	能力
人类大脑	10^{10}~10^{11}个神经元	20	100	10^{14}个突触	1.4×10^3	可处理数学上无法严格定义的问题
微处理器芯片	约 10^{10}个晶体管	40	10^9	稀疏互连网络	3.2	擅长处理数学上严格定义的问题

4.5　提出存储程序的思想

《计算机与人脑》的第一部分第三章表达了存储程序这一思想。在实现存储程序之前，计算机以插入方式使用序列点描述要计算的问题，一个求解问题对应一种插入方式，求解问题改变之后，插入方式也要改变。具体分析来说，存储程序的思想可以分解为以下 3 层含义：

（1）指令在逻辑意义上描述一种操作，在逻辑意义上指令与数据才有区别，指令执行某种功能，程序表现为一组指令；

（2）指令在物理意义上与数据一样，都以二进制数字的形式存放在存储器中；

（3）指令在程序计数器的控制下按序执行，这样一个指令序列可以被连贯地、自动地执行，作为一个整体完成一个功能。

当应用程序改变时，计算机体系结构无须改变，在相同的计算机硬件上，只需改变软件来描述不同的应用问题。

4.6　提出摩尔定律的雏形

《计算机与人脑》的第一部分第七章预测，器件速度每 10 年可能提高两个数量级。这个预测的表述，虽然不像 1965 年摩尔用两页纸表述的那样正式，但是与实际是相符的。冯·诺依曼提出的时间比摩尔早约 10 年；并且以 10 年的尺度考察速度提升，结果是一个数量级，避免了波动性的具体周期长度。

器件工艺创新和体系结构创新，是计算机系统性能提升的两大动力。其中，器件工艺创新服从摩尔定律。超级计算机性能的发展遵循千倍定律，即每隔 10 年超级计算机的性能就会提高 3 个数量级，根据上面的分析，这里很快就有一个推论：这 3 个数量级中有两个数量级是由于器件工艺创新的贡献，有一个数量级是由于体系结构创新的贡献。以数量级为单位，两者的贡献比为 2∶1。随着摩尔定律的逐渐失效，这个比例会逐渐变为 1∶1，最后趋于 0∶1。

4.7　提出在记忆器官附近要有活跃器官提供服务和管理

《计算机与人脑》的第一部分第七章提出这一思想，大意是：记忆集合需要有辅助的子组件，它由活跃器官组成，用于服务和管理记忆集合。这一思想可以解读为：在存储部件附近可以而且应该配有运算部件。

在过去的 70 多年中已逐渐实现了这一思想，体现在两点：① 存储体附近配有相应的控制器，在控制器中记录元数据（Metadata），并负责服务和管理，对系统内部操作进行管控，使系统从完全无序状态转变为有序状态(即低熵状态[5])，实现了高速缓存替换策略、预取策略、调度策略等。每年都会有一些相关进展报道，其中标签化体系结构[8,9]是一个典型代表。②在过去几十年，逐渐出现了PIM(Processor In Memory)形式的附有计算功能的存储器，可以有效地应对大数据容量大、价值密度低的挑战。

长期以来，一种广泛传播的说法是：冯·诺依曼结构是一种计算与存储分离的结构，由此导致了数据供应能力成为瓶颈(即存储墙问题)，这种说法不仅是对冯·诺依曼原意的误解，也是对冯·诺依曼结构的误解，也因此影响了我们设计最优的冯·诺依曼结构以应对摩尔定律延缓[10]的挑战。

4.8 提出存储系统的层次化原理

《计算机与人脑》的第一部分第七章论述了存储系统的层次化原理。此原理可以分解为三层含义：① 将存储层次划分为多级；② 随着存储级序数的增加，存储容量增大，存取时间增加，单位容量的经济成本随之下降；③ 即使在同一存储层次上，存取时间也有变化，其平均值受待计算问题的影响。

作为计算机系统最重要、最核心的内容之一，层次化原理在约翰·亨尼西和大卫·帕特森的《计算机体系结构：量化方法》一书的各个版本都保留了下来。近年来各种新兴的存储器件如NVM令人感觉存储层次化可能是比较新的思想，但实际上这个想法在60多年前就被冯·诺依曼正式地提出了。

对应上述含义的第3点，冯·诺依曼专门用一节讨论了存取时间的复杂性，这对今天的研究尤为重要。现在做体系结构研究，模拟器是进行性能评估的一个重要工具，但有一个突出的缺点就是速度慢，其中一个重要原因是对存储系统精细模拟引发的时间开销。比如在常用的GEM5模拟器中，存储系统可以采用不同精度的模型，最简单的一种是假设同一层次的所有存储访问的存取时间都为常数，这时模拟速度比较快，但是与实际存储系统的情况偏离很大，模拟结果的误差也就很大。这一原理对于今天依然重要。

例题：冯·诺依曼体系结构的本质特征是什么？根据这些特征，试判断算盘、计算尺、并行计算机是否是冯·诺依曼体系结构。

解答：冯·诺依曼体系结构的本质特征是：① 存储程序；② 五大组成部分(运算器、控制器、存储器、输入设备及输出设备)；③ 程序的指令在程序计数器的控制下按照程序规定的顺序自动执行。

传统的计算工具如算盘、计算尺等需要人手工操作，没有程序的概念，不能自动执行，所以不是冯·诺依曼体系结构。并行计算机使用了多处理器、多进程、多线程等并行技术，和单处理器计算机一样有程序，仍然有上述3个特征，只是有多个程序计数器，本质上仍然是冯·诺依曼体系结构。 □

4.9 提出 Amdahl 定律的雏形

《计算机与人脑》的第二部分第九章指出："不是任何串行运算都是能够直接变为并行的，因为有些运算只能在另一些其他运算完成之后才能进行，而不能同时进行(即它们必须运用其他运算的结果)"。这个思想量化表述之后，就是 Amdahl 定律了。

串行与并行的关系，在 60 多年前就是冯·诺依曼思考的内容，在今天仍然是体系结构设计者的重要关注对象。在 Amdahl 定律基础上，Gustafson 定律和 Sun-Ni 定律后来分别于 1988 年和 1990 年提出。这三个定律是超级计算的三大基本定律。当我们每半年看到超算 Top500 排行榜时，应该想到那些速度不断倍增的超级计算机背后的规律，冯·诺依曼 60 多年前就已经开始思考了。

4.10 提到图灵的工作作为虚拟化的雏形

《计算机与人脑》的第二部分第十三章提到图灵在 1937 年证明的"有可能发展一种代码指令系统，使得一台计算机像另一台计算机那样操作"，比加州大学洛杉矶分校杰拉尔德·波佩克(Gerald J. Popek)和哈佛大学罗伯特·戈德伯格(Robert P. Goldberg)1974 年的论文《第三代体系结构可虚拟化的形式化条件》[11]早 37 年。

这里虚拟化的含义有两层：一是像现代工业界的做法，例如在使用 MIPS 指令集的龙芯处理器上运行 x86 指令构成的程序，就要经过一个以指令翻译为实质内容的虚拟化过程，使基于龙芯处理器的计算机就像基于 Intel 处理器的计算机那样工作；二是计算机和人脑，能否相互像对方那样工作？

以虚拟化的观点去理解计算机和人脑，是一个非常独到新颖的角度。相比第一层含义，第二层含义的意义更大。现在学术界对于弱人工智能和强人工智能的界限，对于强人工智能能否实现、如何实现、是否应该实现、是否应该研究，都还在讨论之中。一个确定的事实是，冯·诺依曼在 60 多年前就已经研究了"计算机能否思考"这个问题。

冯·诺依曼需要证明人脑可以做计算机能做的所有事情(仅考虑功能，不考虑效率)，还需要证明计算机可以做人脑能做的所有事情[2]。用虚拟化的语言来说，归结为以下两个问题：

(1) 人脑的指令集是 X，计算机的指令集是 Y，当计算机的任意一条指令在人脑上执行时，能否用 X 中的一组指令模拟这条指令的功能？

(2) 当人脑的任意一条指令在计算机上执行时，能否用 Y 中的一组指令模拟这条指令的功能？

冯·诺依曼使用生物学的例子作为描述计算机的基础，说明计算机所有的部件在本质功能上都能在人脑中找到对应物，这样就证明了人脑可以做计算机能做的每件事情，也就是人脑可以虚拟化计算机。但是关于计算机是否可以虚拟化人脑，目前还没有得到证明，原因就是人脑不是人设计的，人目前还不知道人脑的指令集。

4.11 提出从“语言”的角度理解人脑

《计算机与人脑》的第二部分第十四章提出从语言的角度理解人脑这一思想。冯·诺依曼指出，语言的出现是历史的偶然。

人类进行逻辑推理或算术演算时，可以延续很多步数(这里步数称为逻辑深度或算术深度)，因此人类的数学表现为很深的逻辑深度或算术深度。但是神经系统采用的是很小的逻辑深度或算术深度，比如人类的视网膜对于眼睛所感受到的图像进行重新组织，是由3个顺序相连的突触实现的，即只有3个连续的逻辑步骤，逻辑深度为3，可以限制误差的累积和传播。因此，神经系统中的逻辑结构与人类的逻辑和数学中的逻辑结构是不同的。

把神经系统使用的语言称为第一语言，人类在讨论数学时，使用的是建立在第一语言之上的第二语言。神经系统中的数学和逻辑，当被视为语言时，与人类通常所说的语言有本质上的不同，两者要有一个翻译的过程，也就是虚拟化的过程。

4.12 结束语

2017年戴维·阿兰·格里尔撰文[2]指出：“计算机科学家们常常只喜欢读近期发表的文献。IEEE和ACM数字图书馆的统计表明，我们很少阅读两三年前发表的文献。然而，这样的行为局限了我们的视野，使我们忽视了本领域积淀的财富。我们只注意到我们现在关心的那些问题，反而遗漏了影响计算机领域研究60年的那些重要思想。”

本章按照原著表述顺序总结了冯·诺依曼《计算机与人脑》的10个要点，这些对今天计算机的科学理论创新如形式化理论、制造工艺创新如摩尔定律、体系结构创新如指令集设计、类脑计算、存储层次结构等都是非常值得参考的路径。

思考题

4.1 分析基本操作的有限性与复杂操作的无限性之间的关系，然后基于这种关系理解指令集与程序之间的关系。

4.2　思考人脑中是否存在存储层次结构，并分析人脑的长时和短时记忆机制是否在计算机中存在对应之物，比较它们之间的异同。

参考文献

[1] von Neumann J. The Computer and the Brain[M]. New Haven: Yale University Press, 1958.

[2] 戴维·阿兰·格里尔. 老与新：计算机与人脑[J]. 吴茜媛，李姝洁，译. 中国计算机学会通讯，2017，13(3)：67-68.

[3] 丘成桐. 现代几何学与计算机科学[J]. 中国计算机学会通讯，2017，13(12)：8-13.

[4] 姚期智. 人工智能当前缺少理论，中国有望实现突破[OL]. 新华社，(2017-08-24).

[5] 徐志伟，李春典. 低熵云计算系统[J]. 中国科学(信息科学)，2017，47(9)：1149-1163.

[6] Liu S L, Du Z, Tao J, et al. Cambricon: An Instruction Set Architecture for Neural Networks[C]//Proceedings of the 43rd ACM/IEEE International Symposium on Computer Architecture (ISCA), Seoul, 2016: 393-405.

[7] Hu W, Zhang Y, Yang L, et al. Godson-3B1500: A 32nm 1.35GHz 40W 172.8GFLOPS 8-core processor[C]//IEEE International Solid-State Circuits Conference Digest of Technical Papers. IEEE, 2013: 54-55.

[8] Bao Y G, Wang S. Labeled von Neumann architecture for software-defined cloud[J]. Journal of Computer Science and Technology (JCST), 2017, 32(2): 219-223.

[9] Ma J Y, Sui X F, Sun N H, et al. 2015. Supporting Differentiated Services in Computers via Programmable Architecture for Resourcing-on-Demand (PARD)[C]//Proceedings of the Twentieth International Conference on Architectural Support for Programming Languages and Operating Systems (ASPLOS), ACM, Istanbul, 2015: 131-143.

[10] Waldrop M M. More than Moore[J]. Nature, 2016, 530: 145-147.

[11] Popek G J, Goldberg R P. Formal requirements for virtualizable third generation architectures[J]. Communications of the ACM, 1974, 17(7): 412-421.

5 第三代体系结构可虚拟化的形式化条件

5.1 引言

虚拟化技术在云计算、类脑计算等计算机细分领域具有重要作用，对于工业界具有现实意义，对于学术界研究智能或意识的本质具有理论意义。本章将分析 Gerald J. Popek 和 Robert P. Goldberg 发表在《美国计算机学会通讯》上的一篇文章《第三代体系结构虚拟化的形式化条件》[1]。在他们研究的基础上，我们将进一步讨论如何设计新的指令集以支持虚拟化。

我们在分析解读这篇文章的基础上，首先形式化地定义与这一议题相关的概念，将指令重新进行分类，讨论如何缩小被虚拟机监控器干预并解释执行的指令在整个指令集的比例，从而在保证可虚拟化的前提下，进一步挖掘可以提高的效率空间；其次给出并证明关于在 VMM 不存在时的任一指令序列 t 与其对应于 VMM 存在时的等价序列 t' 之间的映射的一个定理，这些结果不仅给可虚拟化计算机指令集的设计以及高效 VMM 的构造提供了指导，也有助于评估已有体系结构并对其进行修改，使一个虚拟机系统可以被构造。

《第三代体系结构虚拟化的形式化条件》的摘要是这样的：“虚拟机系统已经实现在一定数量的第三代计算机系统上了，例如 IBM 360/67 上的 CP-67。从以前的经验分析，已经知道一些特定的第三代计算机系统，例如 DEC PDP-10，不支持虚拟机系统。本文建立了第三代计算机系统的模型，应用了形式化技术以引出精确的充分条件，来测试一种体系结构是否支持虚拟机。”

计算机根据电子元器件可划分为 4 个阶段：第一代电子管计算机（1946—1958），第二代晶体管计算机（1958—1964），第三代集成电路计算机（1964—1970），第四代大规模和超大规模集成电路计算机（1970 年至今）。日本曾经发起过第五代机的研究。这篇文章发表于 1974 年，但当时主流应用的计算机属于第三代。需要指出的是，这篇文章的结论对于当前计算机体系结构的设计仍具有参考价值。

以形式化的方法建立计算机系统模型，是这篇文章的一大特色。在该文中，Popek 和 Goldberg 通过建立第三代计算机系统的一个简化模型，试图引出一个标准来测试一种体系结构是否支持虚拟机，他们提出关于 ISA 支持虚拟化的基本定理："对于任何传统的第三代计算机，一个 VMM 可能被构造，如果这台计算机的敏感指令集是其特权指令集的一个子集。"

这个定理提供了一个相当简单的充分条件来保证可虚拟化。事实上，作者只是提出了一个充分不必要条件，而使用一个充分不必要条件作为测试一种体系结构是否支持虚拟机的评判标准是不精确的，或者说有时是失效的。如果一种体系结构满足这个条件，那么它支持虚拟机；但是，如果一种体系结构不满足这个条件，就不能确定它是否支持虚拟机，并且可能为了满足一些不必要的条件而损失了效率。

这篇文章的关键词为：操作系统，体系结构，敏感指令，形式条件，抽象模型，证明，虚拟机，虚拟存储器，系统管理程序，虚拟机监控器。这些议题显然具有非常重要的意义。

5.2　虚拟机的三个本质属性

《第三代体系结构虚拟化的形式化条件》第一章写道："当前，关于一台虚拟机是什么、它应该怎样被构造、硬件与操作系统潜在地引发的结果，有许多观点。本文审视了第三代机的计算机体系结构，并给出了一个简单的条件可用来判定一种体系结构是否支持虚拟机。这一条件在机器设计中可能被用到。接下来，我们在直观上详细说明上面所说的意思，然后开发一个更为精确的第三代机模型，最后给出这样一个系统可虚拟化的一个充分条件并给出证明。"

"一台虚拟机被认为是真实机器的一个有效率的、隔离的复制品。我们通过一个虚拟机监控器(Virtual Machine Monitor，VMM)的思想解释这些概念。作为一个软件，一个 VMM 有三个本质属性。首先，VMM 为程序提供了在本质上与真实机器相一致的一个环境；其次，运行在这个环境中的程序在最坏的情况显示出速度上的轻微下降；最后，VMM 对系统资源是完全控制的。"

虚拟机监控器的三个本质属性是围绕功能和性能这两个方面展开的。第一个属性是关于功能，虚拟机监控器为程序提供了在本质上与真实机器相一致的一个环境。第二个属性是关于性能，不是不关心性能(图灵机就不关心性能)，只允许运行在这个环境中的程序在最坏的情况显示出速度上的稍微下降。第三个属性本质上隶属于第一个属性，但单列出来是强调资源控制的权限。

关于本质上一致的一个环境，第一个特性的含义如下。任何程序运行在 VMM 上应该表现出与直接运行在真实机器上相一致的效果；同时有一些可能的差别，一些差别由系统资源的可用性引起，一些差别由定时依赖引起。后面的条件是必需的，因为软件的干涉级别，以及在相同硬件上同时存在其他虚拟机的影响。这一条件的提出，是因为希望在定义中蕴涵 VMM 可以拥有可变数量的存储器。这个一致环境的要求，将通常的分时操作系统排除在 VMM 之外。

VMM 的第二个特性是有效率。这要求虚拟处理器的指令在统计意义上占主要部分的子集被真实处理器直接执行，而没有被 VMM 软件干涉。这一声明将传统模拟器和完全的软件解释器(仿真器)排除在虚拟机的范畴之外。

第三个特性是资源控制。VMM 对存储器、外设等资源完全控制，如果在其创建的环境中运行的程序不可能访问任何没有显式分配给它的资源，在某些特定的情形下，VMM 有可能重新获得已分配资源的控制权。

一台虚拟机是 VMM 创建的一个环境。这个定义既为了反映普遍接受的虚拟机概念，也为了给证明提供一个合理的环境。

在详细说明一个机器模型之前，需要指出这个定义的含义。首先，一个 VMM 不一定是一个分时系统，虽然它有可能是。不管在真实机器上进行何种其他活动，“一致效果”的要求都是适用的，所以从维护虚拟机环境的意义上来说，隔离是虚拟机定义的应有之义。这一要求同时将虚拟存储器与虚拟机区别开来。虚拟存储器只是虚拟机的一个可能组成要素，诸如分段、分页技术常被用来提供虚拟存储器。虚拟机实际上也有一个虚拟处理器和可能的其他设备。

在提出和论证一台计算机为了支撑一台 VMM 必须满足的充分条件之前，《第三代体系结构虚拟化的形式化条件》提出对第三代计算机和虚拟机监控器作一个形式化的说明。

5.3 第三代机的一个模型

《第三代体系结构虚拟化的形式化条件》给出了第三代机的一个模型：“下面的描述反映了一个传统第三代机(例如 IBM 360，Honeywell 6000，DEC PDP-10，有一个处理器和线性的统一寻址的存储器)的简化版。为了着眼于形式化部分，我们假设 I/O 指令和中断不存在，尽管它们可被扩充增加进来。计算机通过声明定义其行为的一些必要假设、描述其状态空间、详细说明状态可能发生的变化。这里，处理器是通常拥有管理程序模式和用户模式的一种普通的处理器。在管理程序模式中，全部的指令对处理器而言都是可用的；而在用户模式下，则不是这样。存储器寻址是相对于重定位寄存器的内容完成的。指令集包括算术、测试、分支、在存储器中移动数据等通常的一整套指令。特别地，利用这些指令，就可以在任意大小、键值、数值的表中完成表查询；利用这些指令，如果已经获得了数值，就可在存储器中将其移动到任何位置(即表查询和拷贝特性)。”

这一段描述与图灵在《计算机器与智能》中的思想完全一致。计算机是一种离散状态机。

例题：结合本章内容尝试形式化定义机器状态(Machine State)。

解答：机器可存在于有限数目的状态之一，每个状态有 4 个组成部分：可执行存储器 E、处理器模式 M、程序计数器 P 和重定位界限寄存器 R。

$$S = < E, M, P, R >$$

可执行存储器是一个普遍的字编址或字节编址的大小为 q 的存储器。$E[i]$ 是指 E 中第 i 个存储单元的内容，也就是说 $E=E'$ 当且仅当对于任意的 $0 \leqslant i<q$，$E[i]=E'[i]$。不管机器的当前模式是什么，重定位界限寄存器 $R=(l, b)$ 一直是活跃的，寄存器的重定位部分 l 给出一个绝对地址(显然是地址 0)，界限部分 b 给出虚拟存储器的绝对大小(不是最大的合法地址)。如果期望访问所有存储器，重定位部分必须设置为 0，界限部分设置为 $q-1$。

如果一条指令的访存地址为 a，那么地址的进一步动向如下：

if $a+l \geqslant q$ then 存储器陷入 else

if $a \geqslant b$ then 存储器陷入

else use $E[a+l]$.

处理器的模式 M 要么是管理程序模式 s，要么是用户模式 u。程序计数器 P 是一个相对于 R 的内容的地址，作为 E 的一个指针存在，指示下一条被执行的指令。注意到状态 S 指示真实计算机系统的当前状态，不是指真实计算机系统的某一部分，也不是指某个虚拟机。

除了在一些嵌入式系统中非常简单的 CPU 之外，大多数 CPU 都有两种模式，即内核态和用户态。当在内核态运行时，CPU 可以执行指令集中的所有指令，并且使用全部硬件。操作系统作为一种系统软件，在内核态下运行，从而可以访问全部硬件。用户程序作为一种应用软件，在用户态下运行，仅允许执行整个指令集中的部分指令，仅允许使用部分硬件。一般来说，在用户态中有关 I/O 和内存保护的指令都是禁止的。 □

三元组 $<M, P, R>$ 常常作为程序状态字(Program Status Word，PSW)被提及。为了易于证明，我们假设一个 PSW 可被记录在一个存储器存储位置中，这一限定可被轻易地去除。使用 $E[0]$ 和 $E[1]$ 分别存储旧的程序状态字(old-psw)和新的程序状态字(new-psw)。

在现代计算机中，程序状态字寄存器包含了条件码位(由比较指令设置)、CPU 优先级、模式(用户态或内核态)以及其他的控制位。用户程序通常读入整个 PSW，但是只能对其中少量字段写入，比如将模式设置为内核态是禁止的。在系统调用和 I/O 中，PSW 的作用很重要。

例题：结合本章内容尝试形式化定义机器状态空间(Machine State Space)和指令(Instruction)，并据此思考智能、计算、算法等概念。

解答：机器状态 S 的每一个维度只能取有限数量的值，所以整个机器状态空间是一个有限集，我们称之为 C。一条指令就是一个由 C 到 C 的函数 i：$C \to C$，如 $i(S_1)=S_2$，或者 $i(E_1, M_1, P_1, R_1)=(E_2, M_2, P_2, R_2)$。这句话指出了指令的本质。如图 5-1 所示，指令的功能在于将机器从一种状态转换(Transfer)为另一种状态，或者说从状态空间中的一点移动(Move)到另一点。这句话看起来这非常简单，但是非常重要。

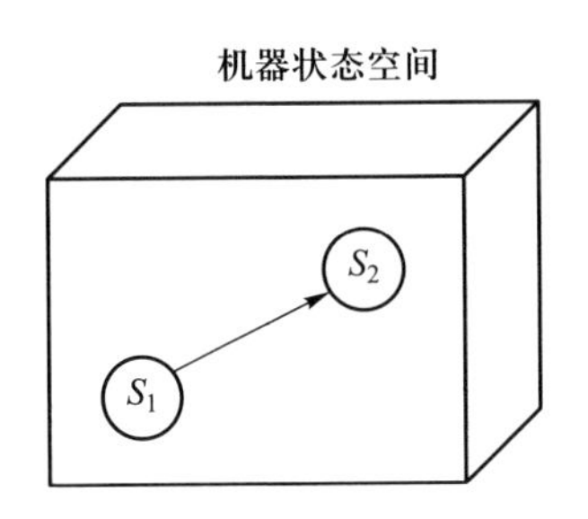

图 5-1 指令执行前后机器分别处于状态 S_1 和 S_2

由此，我们可以思考什么是智能、什么是计算、什么是改变以及什么是智能与体能的区别与联系等问题。在物理的运动学中，我们知道力对物体做的功等于位移乘以力的大小。一条指令就是对计算机施加一种作用(类似力)，让计算机发生状态改变(类似位移)。很多指令复合在一起(类似位移的合成)，最终使得计算机抵达一种状态，这种状态对应着问题得到解决。

从算法的意义上来说，让问题得以解决可能有多种方法，每一种方法对应不同的指令组合，对应着不同的指令数量、指令类型和指令顺序。 □

到目前为止，对一个普通第三代计算机的这种详细说明应该很必要。把系统中表面上很复杂的东西去除后，所剩的大体上是围绕一个管理程序/用户模式概念建立的原始保护系统，和围绕一个重定位界限系统建立的一个简单的存储器分配系统。在这个模型中，为了简便，我们假设重定位系统在系统管理模式与在用户模式中一样活跃，从而对最常见的重定位系统做了轻微的改动，这一差别在我们结果的证明中是不重要的。同时注意：所有处理器对存储器的引用都假设是被重定位的。

在这个模型中一个关键的限制是将 I/O 设备和指令排除在外。现在已经普遍地给用户提供了没有显式的 I/O 设备或指令的扩展的软件机器，有一个第三代硬件机器展示了这种外观。在 DEC PDP-11 中，I/O 设备被作为存储器单元，I/O 操作通过恰当的存储器转移实现。

我们通过定义陷入行为继续讨论第三代机的模型。如果 $i(E_1, M_1, P_1, R_1)=(E_2, M_2, P_2, R_2)$，则指令 i 称为陷入(trap)。这里

$$E_1[j]=E_2[j],\ 0<j<q,$$

$E_2[0]=(M_1, P_1, R_1)$

$(M_2, P_2, R_2)=E_1[1]$

因此，当一个指令陷入，除了存放 PSW 的位置 0 恰在指令陷入前生效外，存储器没有改变。在陷入指令之后生效的 PSW 从位置 1 取出。在大多数第三代机的软件中，可认为$M_2=s$，$R_2=(0, q-1)$。

从直觉上说，陷入会改变处理器的模式、重定位界限寄存器以及指向数组$E_1[1]$中确定数值的程序计数器，来自动保存当前机器的状态，同时传递预先指定的处理程序的控制结构。这里的定义较为宽泛，目的是为了包含一种情形，在这种情形中假如机器的状态以一种可逆的方式保存(即将来可以回到引起陷入的指令将要被执行的位置)，陷入就不会阻止指令，而是会立即获得机器控制权，或者是执行一些之后将要执行的指令。

定义一些特殊的陷入类型还是很方便的，其中一种是存储器陷入。当指令试图访问超过寄存器或者物理存储器边界的地址时会引起存储器陷入。从上面的例子中可知，这里的微序列将是

if $a+l \geqslant q$ then trap

if $a \geqslant b$ then trap

5.4　指令行为

Popek 和 Goldberg 将行为敏感分为两种情形，一种情形称为位置敏感：一个指令的执行行为依赖于它在存储器中的位置；另一种情形称为模式敏感，一个指令的行为受机器工作模式的影响。我们认为行为敏感指令应分为三类：第一类是纯粹的位置敏感指令；第二类是纯粹的模式敏感指令；第三类既是模式敏感指令又是位置敏感指令。下面分别给出它们的形式化定义。

指令 i 是纯粹的位置敏感指令，如果存在一个整数 $x \neq 0$ 及以下状态：$S_1=\langle e|r, m, p, r\rangle$，且 $S_2=\langle e|r\oplus x, m, p, r\oplus x\rangle$，这里 $i(S_1)=\langle e|r, m_1, p_1, r\rangle$，$i(S_2)=\langle e|r\oplus x, m_2, p_2, r\oplus x\rangle$，且 $i(S_1)$和 $i(S_2)$均不存储陷入，以下两者至少一个成立：$e_1|r \neq e_2|r\oplus x$，或$p_1 \neq p_2$。

指令 i 是纯粹的模式敏感指令，如果存在以下状态：$S_1=\langle e|r, m_1, p, r\rangle$，且 $S_2=\langle e|r, m_2, p, r\rangle$，$i(S_1)=\langle e|r, m, p_1, r\rangle$，$i(S_2)=\langle e|r\oplus x, m, p_2, r\oplus x\rangle$，$i(S_1)$和 $i(S_2)$ 均不存储陷入，$m_1 \neq m_2$，以下两者至少一个成立：$e_1|r \neq e_2|r$，或$p_1 \neq p_2$。

指令 i 是模式位置敏感指令(注意它既不是纯粹的模式敏感指令也不是纯粹的位置敏感指令)，如果存在一个整数 $x \neq 0$ 及以下状态：$S_1=\langle e|r, m_1, p, r\rangle$，且 $S_2=\langle e|r\oplus x, m_2, p, r\oplus x\rangle$，其中 $i(S_1)=\langle e|r, m, p_1, r\rangle$，$i(S_2)=\langle e|r\oplus x, m, p_2, r\oplus x\rangle$，$i(S_1)$ 和 $i(S_2)$ 均不存储陷入，$m_1 \neq m_2$，以下两者

至少一个成立：$e_1|r \neq e_2|r \oplus x$，或 $p_1 \neq p_2$。

Popek 和 Goldberg 将敏感指令进一步划分为控制敏感指令和行为敏感指令两类，并且认为行为敏感指令一定不是控制敏感的。这在逻辑上和现实实例上都是不完善的。控制敏感指令是指试图改变资源分配的指令，行为敏感指令是指行为和执行结果依赖于资源配置的指令。从理论上，存在一些指令既是控制敏感的又是行为敏感的，不妨称为严重敏感指令。

IA-32 架构下的 POPFD 指令是控制敏感且行为敏感的指令，其主要功能是从栈顶弹出一个 32 位的双字，之后存储该双字到 EFLAGS 寄存器中；其执行效果是 EFLAGS 寄存器中的所有非保留位，除 VIP，VIF 及 VM 之外都可能被修改，而 VIP，VIF 及 VM 保持不变。它之所以是控制敏感的，是因为 EFLAGS 寄存器中的 IOPL 位可能被修改，该位表示当前程序访问 I/O 空间的特权级。如果 POPFD 不是特权指令且在用户空间执行，则影响 VMM 对 I/O 资源空间的绝对控制权[2,3]。同时因为其中断使能位在特权模式下可被修改，而在用户模式下不能修改，因此该指令是模式敏感的，从而是行为敏感的[4,5]。

在 VLIW(如 Crusoe 处理器使用 128 位长的 VLIW 指令，在一个周期中最多执行 4 个运算)中，若将常规的若干条控制敏感指令与若干条行为敏感指令集中成一条指令，则形成一条逻辑上的严重敏感指令，类似的情况还出现在宏融合技术中。因此讨论严重敏感指令具有现实意义[6-8]。

根据一条纯粹模式敏感指令是纯粹的行为敏感指令还是严重敏感指令，分成 1 类纯粹模式敏感指令和 2 类纯粹模式敏感指令。我们称一条指令 i 是敏感的，如果它是控制敏感或行为敏感的；如果 i 不是敏感的，那么称它是无害的(Innocuous)。综上所述，基于指令行为对指令的划分结果如图 5-2 所示。

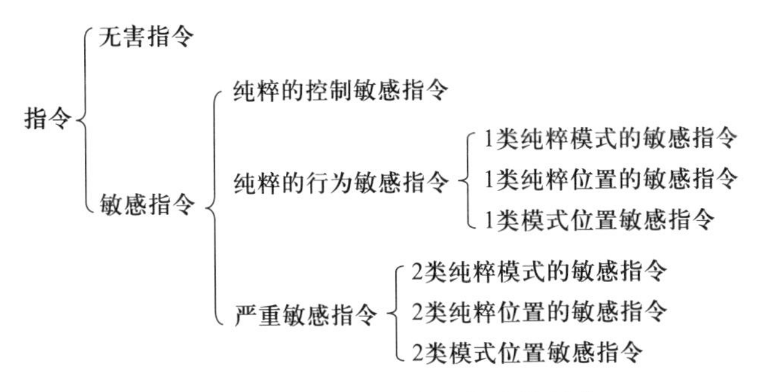

图 5-2　基于指令行为对指令的划分

5.5　虚拟机监控器

我们在讨论 VMM 构造的基础上，论证指令(序列)在 VMM 存在前后的对应关系<D，A，$\{v_i\}$>，如图 5-3 所示。调度器 D 的初始指令位于硬件陷入的位置，它可被认为是控制程序的顶级控制模块，由它决定调用哪一个模块，它可以唤醒第一类或第二类的模块。分配器 A 决定提供什么系统资源。在单个 VM 的情形下，分配器只需将 VM 与 VMM 保持分离。在一个 VMM 主持许多 VM 的情形中，分配器应避免将相同资源(如存储器的一部分)同时分配给不止一个 VM。当一条特权指令尝试执行(将改变与虚拟机环境相关联的机器资源)时，分配器将被调度器唤醒。解释器针对所有引起陷入的指令，模拟陷入指令的执行结果。每一个特权指令对应一个解释器程序。设v_i表示一个指令序列，我们可以把解释程序的集合表示成$\{v_i\}$，$i=1$，2，…，m，其中 m 是特权指令的数目。当然，调度器和分配器也是指令的序列。

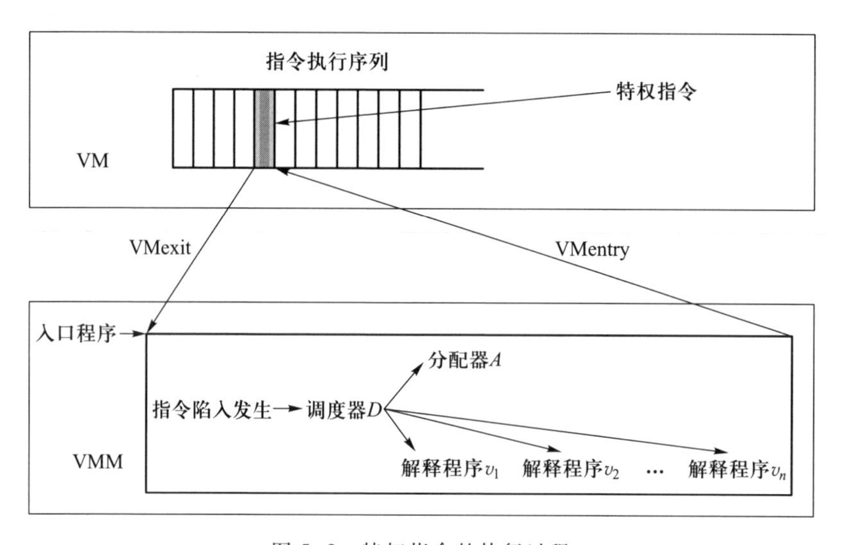

图 5-3　特权指令的执行过程

当一个陷入发生时 PSW 被硬件装入，将模式设置成管理程序模式，将 P 设置成指向调度器起始位置。进一步地，假设其他程序将运行在用户模式，也就是说，PSW(控制程序在最后一个操作将 PSW 装入，将控制权还给运行的程序)将其模式设置为 user。因此有必要用控制程序中的一个位置来记录 VM 的仿真模式。

将机器状态集 C 划分为两个部分。第一个集合C_v包括 VMM 在存储器中存在时机器的所有状态，而 PSW 中的值等于 VMM 的起始位置。第二个集合C_r包括剩下的状态。这两个集合分别反映了真实机器在有 VMM 或无 VMM 时的可能的状态。

5.6 虚拟机特性

当任意一个程序在存在 VMM 的情况下运行时，有 3 个特性：效率特性、资源控制特性和等价特性。效率特性是指所有的无害指令被硬件直接执行，VMM 没有进行任何干涉。资源控制特性是指不允许任意程序影响系统资源。等价特性是指在存在一个 VMM 的情况下执行任何程序 K，运行在与不存在 VMM 且 K 拥有所有特权指令自由的情况没有区别的模式上。

一个虚拟机监控器 VMM 是满足上述 3 个特性的任何控制程序。那么从功能上说，任何程序在 VMM 存在的情况下运行时，所看到的环境就是所谓的虚拟机(VM)。

5.7 定理讨论

定理：对任何传统的第三代计算机，一个 VMM 可能被构造，如果这台计算机的敏感指令集是其特权指令集的一个子集。

第三代计算机这个词包含了至今提出的所有假设：重定位机制、管理程序/用户模式和陷入机制。选择这些假设是为了清晰表述思想和合理反映第三代计算机的相关实践。同时，这个词意味着指令集足够通用从而允许构造调度器、分配器和广义表查询过程。

这个定理提供了一个相当简单的充分条件来保证可虚拟化，当然这是以假设第三代计算机的必要特征均已具备为前提的。然而，这些假设的特征相当标准，所以敏感指令集与特权指令集之间的关系是仅有的新约束。这一条件是审慎的，容易检验。进一步地，对硬件设计者来说利用这一点作为一个设计需求也是一件容易的事。当然，我们没有描绘因中断处理或 I/O 导致的需求特性，这些需求有着类似的性质。

就机器状态集 C 中可能状态上的一个同态而言，描绘等价特性将会在证明中有用。将集合 C 划分为两个集合：第一个集合 C_v 包括 VMM 在存储器中存在时机器的所有状态，而 PSW 中 P 的值等于 VMM 的起始位置；第二个集合 C_r 包括剩下的状态。

处理器指令集中的每一条指令可以看成是状态集上的一个一元操作符 $i(S_i)=S_k$。同样地，每个指令序列 $e_n(S_1)=ij\cdots k(S_1)=S_2$ 也可以看成是状态集 C 上的一个一元操作符。考虑所有有限长度的指令序列，称这些指令序列的集合为 I，这个集合包含了和同态有关的操作符。

一个虚拟机映射 f：$C_r \to C_v$，对在指令序列集 I 中所有的操作符 e_i 是一个一对一的同态。也就是说，对任意状态 $S_i \in C_r$ 和任意指令序列 e_i，存在着一个指令序列 e_i'，满足 $f(e_i(S_i)) = e_i'(f(S_i))$，如图 5-4 所示。

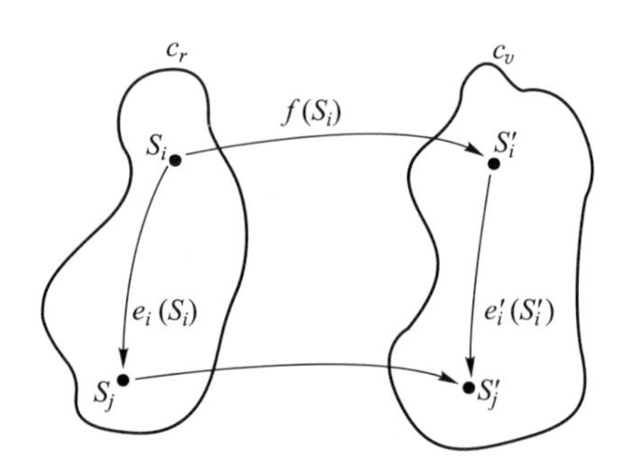

图 5-4　虚拟机映射

在 VM 映射的定义里包含两个相关的属性。第一个属性是从真实机器状态到虚拟机系统特定映射的数学描述，但是这里并没有包含任何关于能否构建该映射的描述，无论是通过硬件还是其他方式。第二个属性是域 C_r 上的指令序列 e_i 对应于域 C_v 上的指令序列 e_i'。

作为定义的一部分，同样需要 f 是一对一的，这等价于 f 有一个反函数，称这个反函数为 g。

例题：采用形式化的方法，给出一个具体的虚拟机映射，结合示意图，推导关于虚拟机映射的若干命题。

解答：一个虚拟机映射 f：$C_r \to C_v$，就指令序列集 I 中所有的操作符 e_i 而言是一个一对一的同态。作为对 VM 映射定义的一部分，我们要求对每一个 e_i，对应的指令序列 e_i' 都能被找到并执行。

f 应是一对一的，为了使这一映射概念更精确，我们给出一个特别的 VM 映射，如图 5-5 所示。控制程序占有物理存储器的前 k 个位置。也就是说，$E[0]$ 和 $E[1]$ 保留给 PSW，控制程序占有从 2 到 $k-1$ 的位置。之后的 w 个位置用于一个虚拟机，假设 $k+w<q$。所以 $f(E, M, P, R) = (E', M', P', R')$，其中 $S = <E, M, P, R>$ 是没有 VMM 时的虚拟机的状态。

假设 $r=(l, b)$ 中 b 的值总是小于 w，那么有：$E'[i+k] = E[i]$，$i=[0, w-1]$，$E'[i]$ = 控制程序，$i=[2, k-1]$，$E'[1] = <m', p', r'>$，m' = 监控器，p' = 控制程序的起始位置，$r' = (0, q-1)$，$E'[0] = <m, p, r>$ 由陷入设置，$M' = u(user)$，$P' = p'$，$R' = (l+k, b)$，这里 $R = (l, b)$。

上面这个虚拟机映射被认为是标准的 VM 映射。现在可以声明“等价”意味着什么，可以更准确地表述什么是“本质上效果一致”。假设两台机器都启动了，一个在状态 S_1，另一个在状态 $S_1' = f(S_1)$，那么由 VMM 提供的环境等价于

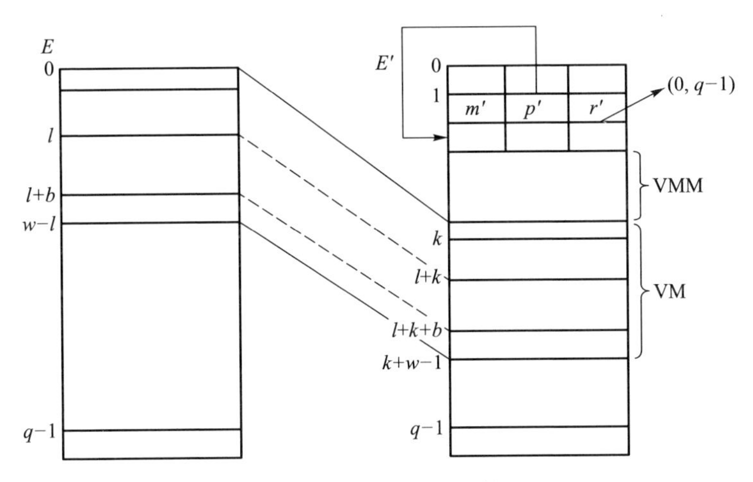

图 5-5 一个虚拟机映射 f

真实机器，当且仅当对任意状态 S_1，如果真实机器终止在状态 S_2，那么虚拟机终止在状态$S_2'=f(S_2)$。

VMM 不存在时的任一指令序列 t 与其 VMM 存在时的等价序列 t'之间的映射，设为 Q：$t \to t'$，$Q(t)=t' \leftrightarrow \forall S \in C$，$ft(S)=t'f(S)$，则有下列命题成立：

① 若 $Q(t)=t'$，$Q(i)=i'$，则 $Q(it)=i't'$。

② $Q(i)=\begin{cases} i, & i \text{ 为无害指令；} \\ \text{InterRoution} \mid i, & i \text{ 为敏感指令。} \end{cases}$

③ 对任意长度的指令序列 $t=i_1\, i_2 \cdots i_r \cdots i_n (1 \leqslant n)$，

$$Q(t)=\begin{cases} t, & t \text{ 为无害指令序列；} \\ d_1\, d_2 \cdots d_r \cdots d_n, & \forall\ d_r (1 \leqslant r \leqslant n),\ d_r=Q(i) \end{cases}$$

即 $Q(t)=Q(i_1)Q(i_2)\cdots Q(i_r)\cdots Q(i_n)$。

④ 若 $Q(t_1)=t_1'$，$Q(t_2)=t_2'$，则 $Q(t_1t_2)=t_1't_2'$。其中，t_1，t_2 为任意长度大于等于 1 的指令序列，i，i_1，i_2，…，i_r，…，i_n为单条指令。

证明：

设 S_1 为任意状态。

(1) 因为 $Q(t)=t'$，所以 $ft(S_1)=t'f(S_1)$，所以 $i'ft(S_1)=i't'f(S_1)$ 。

又设 $t(S_1)=S$，因为 $Q(i)=i'$，所以 $fi(S)=i'f(S)$，即 $fit(S_1)=i'ft(S_1)$。

以上两式联立得 $fit(S_1)=i't'f(S_1)$，即 $Q(it)=i't'$。

命题①得证。

(2) 设 i 为任意无害指令，S 为真实机器上的任意状态，$S'=f(S)$。其中 $S=(e \mid r,\ m,\ p,\ r)$，$S'=(e' \mid r',\ m',\ p',\ r')$。但是，由 f 的定义可得，$e' \mid r'=e \mid r$，$p'=p$，在 r'和 r 中的界限值是相同的。根据定义，$i(S)$不能依赖于 m 或者 l(r 的重定位部分)，其他参数在 S 和 S'中都相同。因此，一定有 $i(S)=$

$i(S')$这种情况。

(3) 命题③是命题②的自然推广，由 VMM 的结构和陷入结束后的返回位置可得。

(4) 因为 $Q(t_1)=t'_1$，所以

$$ft_1(S_1) = t'_1 f(S_1) \tag{5-1}$$

设 $t_1(S_1)=S_2$，因为 $Q(t_2)=t'_2$，所以

$$ft_2(S_2) = t'_2 f(S_2) \tag{5-2}$$

即

$$ft_2 t_1(S_1) = t'_2 ft_1(S_1) \tag{5-3}$$

由命题①，有

$$t'_2 ft_1(S_1) = t'_2 t'_1 f(S_1) \tag{5-4}$$

由(5-3)式和(5-4)式联立得

$ft_2 t_1(S_1) = t'_2 t'_1 f(S_1)$，即 $Q(t_1 t_2) = t'_1 t'_2$。

命题④得证。

5.8 结束语

基于现代计算机系统的一个形式化模型，本章讨论了 ISA 支持虚拟化的议题。通过将指令重新进行分类，讨论了如何将原来定义为敏感指令的指令划归到无害指令，从而缩小被虚拟机监控器干预并解释执行的指令在整个指令集的比例，即在保证可虚拟化的前提下，进一步开发可提高效率的潜力；通过例题，给出并证明了 VMM 不存在时的任一指令序列 t 与 VMM 存在时的等价序列 t'之间映射的命题。这些结果有助于寻求 ISA 支持虚拟化的充分必要条件，有助于可虚拟化计算机 ISA 的设计以及高效 VMM 的构造。

思考题

5.1 思考虚拟化与图灵测试、智能之间是否存在本质联系。

5.2 思考如何提高虚拟化的效率，然后与文献[9，10]中的分析进行比较。

参考文献

[1] Popek G J, Goldberg R P. Formal requirements for virtualizable third generation architectures[J]. Communications of the ACM, 1974, 17(7): 412-421.

[2] Gagliardi U O, and Goldberg R P. Virtualizable Architectures [C]. Proceedings of ACM AICA International Computing Symposium, Venice,

1972.

[3] Intel Corporation. IA-32 Intel Architecture Software Developer's Manual[R]. Volume 2B. 2007: 4-111.

[4] Galley S W. PDP-10 Virtual Machines[C]//Proc. ACM SIGARCH-SIGOPS Workshop on Virtual Computer Systems, Cambridge, Mass., 1969.

[5] Smith J E, Nair R. Virtual Machines: Versatile Platforms for Systems and Processes[M]. Singapore: Elsevier Pte Ltd, 2006: 385.

[6] Goldberg R P. Architecture of Virtual Machines[C]. Proceedings of the workshop on Virtual Computer Systems, New York, 1973: 74-112.

[7] IBM Corporation. IBM Virtual Machine Facility/370: Planning Guide[EB/OL]. Pub. No. GC20-1801-0, 1972.

[8] Lauer H C, Snow C R. Is Supervisor-state Necessary[C]. Proceedings of ACM AICA International Computing Symposium, Venice, 1972.

[9] Robin J S and Irvine C E. Analysis of the Intel Pentium's Ability to Support a Secure Virtual Machine Monitor[C]. Proceeding of 9th Usenix Security Symposium, Denver, 2000: 129-144.

[10] Adve V, Lattner C, Brukman M, et al. LLVA: A Low-level Virtual Instruction Set Architecture[C]. Proceeding of 36th International Symposium on Microarchitecture (Micro). San Diego, December 3-5, 2003: 205-216.

6 艾伦·图灵《计算机器与智能》的要点归纳与启发

6.1 引言

人工智能之前经历了多次兴衰起伏，当前正处于一个蓬勃发展的阶段(主要归功于计算能力和存储能力的提高)。本章分析归纳了艾伦·图灵在1950年发表的经典文章《计算机器与智能》[1]，形成了7个要点，并结合现在所处时代的特点，分析了每个要点的启发意义。

Mind 杂志是心理学和哲学领域的一本期刊，每个季度出版一次，图灵这篇论文是1950年第四季度这一期的第一篇文章。这篇文章原文共28页，分为7节，依次是模仿游戏、对新问题的评价、游戏中的机器、数字计算机、数字计算机的通用性、主要问题的对立观点以及具备学习能力的机器。全文按照“提出问题—分析问题—解决问题”的顺序展开，在分析问题和解决问题时，首先在第6节反驳9种对立的观点，然后在第7节提出正面观点，介绍如何实现具备学习能力的机器。

图灵出生于1912年，《计算机器与智能》这篇文章发表时只有38岁。在此之前，图灵于1936年发表了《论可计算数及其在判定问题上的应用》，那时他只有24岁。设想如果没有图灵，计算机学科的面貌将发生怎样的变化？24岁的图灵，在现代计算机诞生前10年，去想象一个机器(被后人称为“图灵机”)论证可计算性，提出“有些问题不可以被机器计算”；38岁的图灵，在现代计算机诞生只有4年的时候，讨论“计算机器与智能”(被后人称为“图灵测试”)，提出“有可能构建具有智能的机器”。

图灵论文的标题是两个非常基本的名词，一个是计算机器(Computing Machinery)，一个是智能(Intelligence)，即使在70多年后讨论这两个基本概念仍很容易陷入空谈，或者原地踏步，表面很热闹但却是循环论证，或者盲人摸象，总之不容易取得实质性的、建设性的、正确的新结果。什么是计算机器？什么是智能？计算机器能否思考？这样的问题值得回答、能够回答吗？

6.2 要点一：用多学科的不同角度研究智能

图灵具有扎实的物理学基础，他提到了经典物理学中拉普拉斯的决定论观点，对巴贝奇分析机和曼彻斯特机也有深入的了解。

全文涉及神学、物理、化学、生物、信息论、数理逻辑等多个学科，但紧扣“机器是否能够思考”这一主题。人类生活在一个大数据、“知识爆炸”的时代，如何驾驭知识成了难题，要鼓励人类的独立思考、多学科思考的精神，改进和革新教育形式和内容，这在人工智能时代具有重要意义。

图灵批驳的第一种观点是神学的观点：“思维是人类不朽灵魂的一项功能。上帝只赋予每个善男信女不朽的灵魂，但从未将之赐予任何其他的动物或机器。所以，动物或者机器不能思维”。图灵采取科学的态度，用神学的语言去回复神学的观点。神学认为只有人才被赋予灵魂，动物或机器均没有被赋予灵魂。图灵首先从距离的角度考虑这个问题：

$$D(\text{动物，人})<D(\text{生物，非生物})$$

这里，我们用$D(\cdot)$表示距离函数。当一个观点被改进之后更合理，那说明这个观点被改进之前具有不合理性。实际上，我们可以展开思考：

$$D(\text{动物，人})<D(\text{动物，植物})<D(\text{植物，非生物})$$

可以推断，距离函数是与智能相关的一个重要函数。其次，神学本身不是铁板一块，图灵指出“伊斯兰教认为妇女没有灵魂，基督教对此有何感想?”显然神学不同派别之间存在教义上的矛盾。最后，图灵指出，既然认为上帝是万能的，那么上帝为什么不能赋予动物灵魂呢?

图灵批驳的第二种观点是“鸵鸟”式的异议：“机器能够思考将导致严重的后果。让我们希望和相信机器不能思考”。图灵认为这一观点不牢固(Substantial)，所以无需一驳。科学的结论或结果是不依人的意志为转移的，鸵鸟式的异议显然不是科学的观点。值得指出的是，鸵鸟式的异议在人工智能发展较为顺利的时期(比如在当前)往往比较热烈，主要是担心人类的优先性和优越感被挑战。

图灵批驳的第三种观点是来自数学的异议：“根据哥德尔定理以及不可判定问题，任何离散状态机的能力都是有限的，所以机器不能够思考。”图灵的反驳是：任意一台特定机器的能力都是有限的，但人的能力也是有限的；机器有时会犯错误，但这没什么，因为人也经常犯错误，人类犯了太多的错误所以没有资格因为机器犯错误而产生优越感。

诸如此类，图灵还批驳了其他 6 种反对意见。发展智能要秉持科学的态度，而不是盲目乐观或悲观的态度。

6.3 要点二：定义概念是分析问题的基础

图灵以严谨的态度做科学研究，在使用概念之前先对概念进行清晰的界定。

图灵对“机器”的含义作了界定：① 在一个现实的机器上，不可能同时使用人类的一切技术或大多数技术。图灵在他的文章中没有把 DNA 计算、量子计算等技术作为基础，而是将“电子计算机”或“数字计算机”作为基础；② 能制造机器，不代表能清晰准确地描述机器，通过实验方法制造的机器与采用递归函数等数学方式构思的机器是不同的；③ 为了讨论的方便，图灵将正常出生的人排除在机器的定义之外①。

图灵在开篇第 1 章即提出需要对“思考”作出定义。图灵的定义是：“如果机器能在模仿游戏中表现出色，机器就可以被认为能够思考，或者说具有智能。”图灵把原问题“机器能思考吗”转化为一个新问题“机器能在模仿游戏中表现出色吗?”图灵在第 6 章第 2 段明确提出原问题是无意义的，不值得讨论。

6.4 要点三：通过思维实验研究智能

图灵批判了一种流行的观点，这种观点是：“科学家进行科学研究工作总是从可靠的事实到可靠的事实，从来不受任何未经证明的猜想所影响。”图灵指出：“这种看法实际上是相当错误的。假如能清楚哪些是经过证明的事实，哪些是猜想，将不会产生坏处。猜想是极其重要的，因为它们提示有用的研究线索。”

图灵在这里做的是一个关于存在性的思维实验。思维实验是指使用想象力去进行的实验，所做的是在现实中无法做到或很难做到的实验。

图灵指出，不要求所有的数字计算机都能在模仿游戏(即图灵测试)中表现良好，即使几乎所有数字计算机表现都不合格，只要有一台表现合格就可以了。也不要求现在的数字计算机在游戏中表现良好，只要 10 年以后 100 年以后在游戏中表现良好即可。这样的思想与图灵 1936 年发表的《论可计算数及其在判定问题上的应用》关于可计算性的思想是一致的：存储空间是无限的，时间是无限的，在这个意义上讨论可计算性。

实际上，即使存储空间是无限的，时间是无限的，仍有很多问题是不可计

---

① 图灵将人与机器这两个术语分开讨论，事实上关于人与机器之间的关系，存在多种不同甚至截然相反的观点，法国科学家拉·梅特里认为“人是机器”，图灵奖得主明斯基认为“大脑不过是肉做的机器而已”，另一位图灵奖得主威尔克斯认为“动物和机器是使用完全不同的材料，按十分不同的原理构成的”。

算的；何况在现实中存储空间和计算时间的限制是很大的，不可计算的问题更多。以存储空间和时间均无限为前提的可计算性，称为图灵可计算性；以存储空间和时间均有限为前提的可计算性，称为现实可计算性。图灵不可计算的，一定是现实不可计算的；图灵可计算的，可能是当前现实不可计算的。

6.5 要点四：通过对比人类与机器研究智能

注意到图灵在标题中说计算机时，没有用 Computer 这个词，因为这个词从本意上可以指从事计算的人(Human Computer)。图灵使用了 Computing Machinery 来指代从事计算的机器，非常精准和恰当。图灵在这里提出了人类计算员(Human Computer)和数字计算机(Digital Computer)的概念。在今天关于人工智能的讨论中，Human Computer 这个词很少被提及，实际上，人类计算员与数字计算机、人类智能与人工智能都是相互参照和对应而存在。

对于人来说，时间、耐心是稀缺资源，计算机就是用来弥补这些稀缺资源的。计算机相对于人，在运算速度和精度、重复操作的耐心等方面更有优势。

图灵介绍了指令的格式、指令的顺序执行和跳转执行，特别详细介绍了循环结构。循环是程序中表达重复操作语义的重要结构，也往往是最耗时的部分，往往成为性能瓶颈。

6.6 要点五：编程与存储在智能中具有重要作用

图灵在文章中从反面和正面两个角度展开，既反驳了关于“不能构建智能”的各种不同的对立观点，又给出了构建智能机器的方法。在原文最后一章，图灵从正面论证“有可能存在可以思考的机器”。

图灵指出了编程(Programming)的实质：“给一个机器编程使之执行操作A”，意味着把合适的指令表放入机器以使它能够执行 A，从这个意义上看，是人类通过编程把自己的智能赋予了机器。每一个操作(Operation)是落实和执行计算的实体，指令集体系结构是软件与硬件的接口，指令表指程序，控制器是解读和遵循程序的实体，显然程序与智能之间存在很强的关联，图灵强调了编程对智能的重要性。

图灵估计 50 年后(即 2000 年)计算机的存储容量是 1Gb，所以计算机在模仿游戏中的表现会更好。但图灵并没有预言计算机在 2000 年可以具有思维以及能够思考。他的表述是“一般提问者在提问 5 分钟后，能准确判断的概率不会超过 70%”。这是一个量化的、有弹性的表述。我们把这个表述一般化为机器能够思考的标志是：一般提问者在提问 n 秒后，能准确分辨未见之物是机器还是人的概率不会超过 m。机器的智能水平是关于 n 和 m 的函数。

图灵在文章中这样说："为第六部分开始时提出的观点给出真正令人满意的支持，只能等到本世纪末了，在那时再进行所描述的实验。但是在等待的这段时间里，我们可以说些什么呢？如果实验将来会成功，我们现在应该采取什么步骤？"图灵说到 20 世纪末，才可能"有真正令人满意的支持"。虽然相对 1950 年，20 世纪末计算机的存储容量和计算速度有了极大的提升，人工智能的发展和智能计算机的研发经历了多次跌宕起伏，但是，直至目前仍然没有制造出"能够思考的机器"。

图灵在文章中接着说："正如我所解释的，问题主要是程序设计，工程上的进步也是必要的，但所需不被满足的可能性似乎不大。估计大脑的存储容量在 10^{10} 到 10^{15} 个二进制位之间。我倾向于下界，而且认为只有一小部分用来进行高级的思考，其余大部分用来保存视觉印象。在模仿游戏中对阵一个盲人，若所需要的存储容量超过 10^9 位，会让我惊讶（注意，《不列颠百科全书》第 11 版电子版的容量为 2×10^9 位），即使采用现有技术，10^7 位的存储量也是完全可行的，也许根本不需要提高机器的运行速度。那些可当作神经细胞对应物的现代机器部件，其速度比神经细胞快 1000 倍，这可以为补偿各种情况引起的速度损失提供'安全裕度'，剩下的问题主要就是如何编程让机器能够完成游戏。按照我现在的工作速度，我一天大概能编 1000 个二进制位的程序，所以大约 60 个工人在未来 50 年稳定工作，并且没有东西扔进废纸篓，就可以完成这项工作。似乎需要一些更迅速而有效率的方法。"

图灵强调了程序设计对智能的重要性。图灵这里提到"工程上的进步"，包括诸如材料、电源、散热、芯片封装等。图灵所说的"那些可当作神经细胞对应物的现代机器部件"在冯·诺依曼的报告中也被提到过，具体指的是运算器。对使得机器能够思考来说，图灵在这里提出两个论断：

编程的重要性>工程的重要性

存储容量的重要性>运算速度的重要性

例题：试思考以下问题：① 为什么图灵说"在模仿游戏中对阵一个盲人，若所需要的存储容量超过 10^9位，会让我惊讶"？②如何编程让机器能够完成模仿游戏？

解答：图灵之所以说在模仿游戏中对阵一个盲人，1Gb 的存储容量就够了，是因为人脑的大部分用于存储视觉印象，而盲人不需要存储视觉印象。② 图灵估算了编程的进度，他一天大概能编 1000 个二进制位的程序，所以大约 60 个工人在未来 50 年稳定工作，并且没有无效劳动，就可以完成这项工作，计算过程如下：

$$1000\ \text{b}\times365\times60\times50=1.095\ \text{Gb}$$

之所以程序设计效率低、进展缓慢，不是编程语言本身的问题，而是对人

类大脑及其思维规律的认知不足。 □

无限容量的计算机是不存在的，过去、现在、将来在现实中都不会存在，但是具有特殊的理论价值，存储容量是可以逐步扩展的。机器的存储容量大，意味着机器可能的状态数量就大。图灵提到了计算机的三个部分：存储器、执行单元及控制器。存储器中存放的是数据和程序，其中数据是程序的处理对象，数据可被分为初始数据、计算过程中产生的中间数据以及计算过程结束产生的最终数据。如果一个人（人类计算员）具有很强的心算能力，就需要这个人具备很强的记忆力，特别是关于计算过程中的中间数据的记忆能力，也就是对应于计算机高速缓存（Cache）的短时记忆能力。

6.7 要点六：研究智能要抓住本质属性

图灵论文的第2章的标题是“对新问题的评价”。图灵指出“外表与智能无关”：一个外表很像人的机器，可能只有很低的智能；一个外表不像人的机器，可能具备很高的智能。智能是各种能力中的一种，有智能并不代表具有其他能力，某些能力欠缺不代表没有智能或智能低下。

图灵注重把握问题的本质，他说：“我们不希望机器因为不能在选美比赛中取胜而被惩罚，正如我们不希望人因为不能在和飞机赛跑中取胜而被惩罚一样，我们的游戏设定让这些无能变得无关紧要。”机器是否用电，对本质没有影响。通过化学过程、电、机械，都可能实现等价的数字计算机。

图灵说：“对机器不可能应用与儿童完全相同的教学过程，例如，它没有腿，因此就不会被要求出去装煤斗；它也可能没有眼睛。但是不管聪明的工程师采取何种方法克服这些缺陷，只要这样的机器被送进人类的学校，其他的学生肯定会嘲笑它，它必须得到专门的训练。我们不必太注意腿和眼睛等，海伦·凯勒女士的例子表明，只要老师和学生能够以某种方式进行双向的交流，教育就能进行。”图灵再次强调对非本质的属性（腿和眼睛）进行忽略。

6.8 要点七：智能与泛化能力、随机性、奖励机制有关联

图灵应用了原子的裂变反应、临界体积等知识。图灵用原子堆来比喻人脑。图灵在原文中这样说：“如果原子堆的大小变得足够大的时候，轰击进来的中子产生的扰动很可能会持续地增加，直到整个原子堆解体。思维中是否存在一种对应的现象？机器中呢？这样的现象在人类头脑中应该是存在的。绝大多数头脑都处于‘亚临界’状态，对应于处于亚临界体积的反应堆。一个想法进入这样的头脑中，平均下来只会产生少于一个的想法作为回复。有一小部分思维处于超临界状态，进入其中的想法将会产生二级、三级以及越来越多的想

法，最终成为一个完整的‘理论’。动物的头脑看起来肯定是处于亚临界状态的。从这种类比出发，我们要问：‘机器可以被制造成超临界的吗？’”能否举一反三、触类旁通，是智能高低的一个判断准则。现在机器学习中的泛化能力也是指这个能力。

图灵在原文中多次提到随机数和随机算法，说明智能与随机性、不确定性之间存在着关联。图灵奖获得者姚期智研究的就是伪随机数生成理论，中国工程院院士李德毅研究的是不确定性人工智能。

图灵指出需要将惩罚和奖励与教学过程联系在一起，一些简单的儿童机器可以按照这种原则来构建或编程，使得遭到惩罚的事件不大可能重复，而受到奖励的事件则会增加重复的可能性。惩罚、奖励是教学过程中所必需的。教学的过程本质上是训练的过程，也就是学习的过程。“使得遭到惩罚的事件不大可能重复，而受到奖励的事件则会增加重复的可能性”就是反向传播算法、Adaboost 算法的基本原理。现代医学认为，大脑内部存在一个奖励机制，很多药物、毒品成瘾都与这个机制有关。

6.9　结束语

图灵在原文最后指出，他讨论的是机器与人在“所有纯智力领域”竞争。需要注意两点，第一，不是在非智力领域竞争，例如人类不如挖掘机那样有很强大的臂力，但这没有讨论的必要；第二，不是仅仅在部分智力领域竞争，而是在所有智力领域竞争，比如机器与人不仅仅要比赛下棋，还要在写十四行诗等其他领域比赛。

图灵能够前瞻性地思考，同时他深知一个人的“视距”是有限的。图灵原文的最后一句①，一方面表示即使在不远的将来，也有很多工作要做；另一方面，这是人工智能的思考范式，我们只是看到不远的前方，但即使这样，中间也有很多选择。体系结构设计者在决策时越具有前瞻性，高速缓存的替换策略对未来看得越远[2]，获得的收益将越大。但实际上，对未来我们目前所能看到的还比较近。

思考题

6.1　结合图灵原文，分析大脑与原子反应堆之间的联系，大脑中是否存在临界状态。

① 图灵的原话是“We can only see a short distance ahead, but we can see plenty there that needs to be done”。

6.2 在类脑计算中，如何证明一种结构是完备的？

参考文献

[1] Turing A M. Computing machinery and intelligence[J]. Mind, 1950, 59(236): 433-460.

[2] Jain A, Lin C. Back to the Future: Leveraging Belady's Algorithm for Improved Cache Replacement[C]. Proceedings of the Annual IEEE/ACM International Symposium on Computer Architecture (ISCA), Seoul, 2016: 78-89.

Ⅲ　计算思维——基于计算角度的设计方法学

计算是人类文明的重要组成部分，计算能力是人类能力的重要组成部分；计算能力不限于数值计算能力，还包括非数值计算能力，更本质地，主要指通过计算思维解决实际问题的能力。

7 理解计算的本质与功能

7.1 引言

艾伦·图灵在 1936 年发表了一篇关于可计算性(同时也是关于不可计算性)的论文，这篇文章的标题是《论可计算数及其在判定问题中的应用》(*On Computable Numbers, with an Application to the Entscheidungsproblem*)。图灵为什么要研究可计算数，而且提到一个德文单词 Entscheidungsproblem?

Entscheidung 是判定的意思，德国数学家希尔伯特的助手海因里希·贝曼在 1921 年首次将 Entscheidung 与 problem 合成在一起使用。奥地利哲学家维特恩斯坦在《数学基础研究》中提到数理逻辑的“首要问题”一语出自兰姆西。兰姆西讨论的问题是所谓的判定问题：如何找到一个规则性的程序，以判定任何一个给定的公式是真的还是假的。

图灵在这篇文章第一句话给出了可计算数的定义：“可计算数可以被简单描述为其小数表达式可在有限步骤内计算出来的实数”。

例题：如何理解上述图灵定义中的“在有限步骤内”？根据图灵的定义，试判断圆周率 π 是否为可计算数。

解答：

$$\frac{\pi}{4}=1-\frac{1}{3}+\frac{1}{5}-\frac{1}{7}+\cdots+(-1)^{k-1}\frac{1}{2k-1}+\cdots$$

$$\frac{\pi}{4}=\sum_{k=1}^{\infty}(-1)^{k-1}\frac{1}{2k-1}$$

上述表达式给出了 π 的计算方法。π 的任意精度的小数表达式都可被计算。图灵定义中所说的“在有限步骤内”，是指对于小数的任意一位，能在有限步骤内被计算出来。π 是一个无限不循环小数，π 的小数形式有无穷多位，作为整体不能在有限步骤内被计算出来，但其中任意一位可以在有限步骤内被计算出来，因此 π 是可计算数。 □

数论在计算机科学中有重要的应用。计算机处理的对象是数据，计算机科学与数据有天然的联系。图灵的这篇可计算数论文就是以数论为基础的。

7.2 自然数、整除和素数

计算机科学是植根于数论的基础之上的。哥德尔的不完备定理和图灵的不可计算数都运用了数论的知识。计算与数是分不开的，没有数据，计算就失去了对象。我们先介绍一些数论的概念。华罗庚在《高等数学引论》[①]中第一句话是："数起源于'数'，一个一个地数，因而出现了1，2，3，4，5，…，这叫作自然数。"

如果 $b\neq 0$ 且存在一个数 c，使得 $a=bc$，则称 b 可整除 a，或 b 是 a 的因子，记作 $b\mid a$；如果 b 不可整除 a，那么 b 不是 a 的因子，记作 $b\nmid a$。从整除的角度，自然数可以分为三类：① 1，只有自然数1为它的因数；② p，只有1和 p(自身)为它的因数，称为素数；③ 有两个以上大于1的因数，称为复合数(简称合数)。从这里可以看出1是一个非常特殊的数，不是素数，也不是合数，是一个非常简单的数。素数类和合数类都是无穷类，1自己独占一类，是有穷类，而且是只有一个元素的有穷类，反映了1的简单性、基本性、特殊性和不可替代性。

整除是数之间的一种关系。从乘积的角度，所有的自然数都要归约为素数，或者说，所有的自然数都是从素数衍生出来的。关于整除，我们要了解下面3个定理。

定理7.1：如果 $c\mid b$，则 $c\mid ab$。

证明：如果 $b=ck$，则 $ab=c(ka)$。 □

点评：如果 $c\mid ab$，未必有 $c\mid b$。也就是说，可能会出现这样的情况：$c\mid ab$，$c\nmid b$。$c\nmid a$。例如，$c=6$，$a=3$，$b=4$ 就属于这样的情况。a 和 b 单独不具有的性质，而 ab 这个整体具有。a 和 b 这两个个体经过相乘，形成了一个整体，具有组成部分所不具有的性质。什么是系统呢？系统要包括很多组成部分(或者叫元素)，但这样定义系统还不够，还要定义元素之间能够发生什么样的作用(或者叫运算)。群、环、域都是具有特殊性质的系统(代数结构)。计算机是系统，包括运算器、控制器、存储器、输入设备及输出设备，这5个组成部分之间有相互作用。宇宙是由很多天体组成的系统，这些天体之间发生着万有引力作用，Splash-3基准测试程序集中的多体应用程序就是通过多处理器并行的方式计算多体之间的万有引力。类似地，万维网、社交网络都是特殊的系统。

定理7.2：如果 $c\neq 0$，且 $b\mid c$，则 $b\leqslant c$。

证明：令 $c=ab$，因为 $c\neq 0$，所以 $a\neq 0$(否则 $c=0$)，即 $a\geqslant 1$。

---

① 华罗庚著，王元校.《高等数学引论》.高等教育出版社，2009年2月第1版。

当 $a=1$，有 $b=c$，命题成立。

当 $a>1$，有 $a=1+k(k>0)$，于是 $c=ab=(1+k)b=b+kb>b$. □

点评：这个定理直觉上很容易理解，但是证明过程把相等和不等的条件明了化、具体化及形式化了，这是证明的价值和意义所在。可以通过简单命题锻炼证明的能力。

定理 7.3：对于每个大于 1 的自然数，至少有一个素数可以整除它。

证明：假设存在某个大于 1 的数，没有一个素数可整除它。于是有一个最小的具有这种性质的数 m，即有

1）$m>1$；

2）没有素数可整除 m；

3）对于每个满足 $1<n<m$ 的数 n，有素数可以整除 n。

那么，由 2)，m 不是素数，所以 m 有因子 $n(1<n<m)$。由 3)，有素数可以整除 n，但这蕴含着有素数可以整除 m(根据定理 7.1)，这与 2)矛盾。 □

点评：定理 7.3 不容易被直观上所理解。这里运用了反证法(基于排中律)，同时调用了定理 7.1 的内容。

例题：写出 30 以内的素数，并求与 10 最接近的 3 个素数的乘积。

解答：30 以内的素数有：2，3，5，7，11，13，17，19，23 及 29。与 10 最接近的 3 个素数是 7，11，13，它们的乘积是 1001。 □

例题：尝试分析判断素数的数量是否是有限的。

解答：假设素数的数量是有限的，那么就可以把全体素数列举如下：

$$p_1, p_2, \cdots, p_k$$

构造一个数

$$q=p_1p_2\cdots p_k-1$$

q 要么是素数，要么是合数，无论如何它都有素因数。我们需要看看 q 是否有不同于 p_1，p_2，…，p_k 的素因数。

我们知道任何一个 $p_i(1\leqslant i\leqslant k)$都除不尽 q，假若不然，由 $p_i \mid q$ 及 $p_i \mid p_1p_2\cdots p_k$ 就得到 $p_i \mid (p_1p_2\cdots p_k-q)$，即 $p_i \mid 1$，这是不可能的。所以，任何一个 $p_i(1\leqslant i\leqslant k)$都除不尽 q，这说明 q 有一个不同于 p_1，p_2，…，p_k 的素因数，这与“p_1，p_2，…，p_k 是全体素数”相矛盾，所以素数有无穷多个。 □

点评：(1)“素数有无穷多个”，这是一个重要的事实，没有这一点，哥德尔数就不存在了；(2) 本例使用了反证法，反证法与数学归纳法都是重要的证明方法。

例题：假设 $n>2$，判断在 n 与 $n!$ 之间是否一定有一个素数。

解答：假定不超过 n 的素数为 p_1，p_2，…，p_k，又假定 $q=p_1p_2\cdots p_k-1$。我们已经知道 q 有一个不同于 p_1，p_2，…，p_k 的素因数 p，所以 $p>n$。

$$p\leqslant q\leqslant n!-1<n!$$

所以，在 n 与 $n!$ 之间一定有一个素数。 □

点评：这是一道关于存在性的证明题。哥德尔证明中用到了这个结论。需要指出的是，尽管在解答中我们证明了在 n 与 $n!$ 之间一定有一个素数，但并没有指出这个素数是哪个数，所以也被称为非构造性证明。所谓非构造性证明，就是说这样的证明可以指出某类对象存在，但是证明本身无法提供找到这类对象的具体或一般性方法。与非构造性证明相对的是构造性证明，是指证明本身确确实实把所需要的对象构造或呈现出来了。

7.3 数数中蕴含的重要概念

数数中隐含着一些非常重要的基本概念，例如，“一一对应”的概念，“先后次序”的概念，“抽象”的概念。“一一对应”概念在康托尔集合论中具有极其重要的地位，由此引申出的“对角线法”在哥德尔关于不完备定理的证明、图灵关于判定性问题的证明中都发挥了关键作用。

没有一一对应的概念，就没有数量的概念；没有数量的概念，科学就荡然无存。先后次序概念同样非常重要，计算机系统特别注重时序，没有时序的概念，就没有算法的概念，因为算法本质上是有先后次序的一定数量的对数据操作的步骤。数数，是数学中第一个用抽象符号来处理具体事物的例子，自然数集可以说明一切可以数得完的事物的数量，抽象是对现实的超越，无限是对有限的超越。

自然数有两个基本性质：① 在有上界的自然数集合中一定有一个最大的。② 一个有上界的自然数集合不能和它的真子集建立起一一对应的关系。从这两个性质中可以看出，“是否有上界”非常关键。“是否有上界”这个性质，在可计算性理论、算法复杂度分析中都会用到，会引出连续统问题、判定性问题等重要问题。

1889 年皮亚诺提出了一个算术公理系统，一共有 5 条：

① PA1：0 是自然数；

② PA2：对于任意自然数 n，其后继数 n'是自然数；

③ PA3：0 不是任何自然数的后继数；

④ PA4：对于任意两个自然数 m 和 n，若它们的后继数 m'和 n'相等，则这两个自然数相等；

⑤ PA5：设 $S\subseteq N$，且满足两个条件：$0\in S$；如果 $n\in S$，那么 $n'\in S'$，则 S 是全体自然数的集合，即 $S=N$。

下面我们给出上述公理的形式化描述：

PA1　$1 \in N$

PA2　$\forall n \in N[n' \in N]$

PA3　$\forall n \in N[n' \neq 1]$

PA4　$\forall m \in N \forall n \in N[m' = n' \rightarrow m = n]$

PA5　$P(1) \wedge \forall k \in N[P(k) \rightarrow P(k')] \rightarrow \forall n \in N[P(n)]$

7.4　数系扩展中蕴含的重要概念

人类的认识不是一蹴而就的，而是经历了一个过程，不断地遇到困惑，不断地认识新事物，不断地拓展认识对象空间。一开始认识的是自然数集，自然数集对加法运算和乘法运算是自我封闭(自封)的，但是做减法时不能自封，于是引入了负整数的概念，将数系拓展到整数集。整数集做除法时不能自封，于是引入了有理数的概念，将整数集扩展到有理数集。

例题：任何两个有理数之间有多少个有理数?

解答：设两个有理数为$\frac{a}{b}$和$\frac{a'}{b'}$，且后者大于前者，那么显然有

$$\frac{a}{b} < \frac{a+a'}{b+b'} < \frac{a'}{b'}$$

所以两个有理数$\frac{a}{b}$和$\frac{a'}{b'}$之间(至少)有一个有理数$\frac{a+a'}{b+b'}$。

同样的道理，两个有理数$\frac{a}{b}$和$\frac{a+a'}{b+b'}$之间也至少有一个有理数，依次可以无限进行下去，因此，可以知道任何两个有理数之间有无穷多个有理数。　□

点评：这道题“无限进行”的思想是值得深思的。我们可以联想到两种浓度的溶液，理论上它们可以混合成无穷多种介于两者之间浓度的溶液。

有理数集也不够用，比如边长为 1 的正方形的对角线的长度，在有理数集中就无法表示。

例题：判断 $\sqrt{2}$ 是否是无理数。

解答：假设 $\sqrt{2}$ 是有理数，表示成既约分数$\frac{a}{b}$，那么

$$a^2 = 2b^2$$

上式等号右边是偶数，所以左边也是偶数，进一步可知 a 是偶数。令 $a = 2a'$，则得

$$2(a')^2 = b^2$$

这说明 b 是偶数，这与$\frac{a}{b}$是既约分数的假定矛盾，因此假设不成立，所以 $\sqrt{2}$

是无理数。□

点评：这里使用了建立在排中律基础上的反证法。希巴斯在公元前 470 年左右发现一个腰为 1 的等腰直角三角形的斜边（即 2 的 2 次方根）无法用最简整数比来表示，从而发现了第一个无理数，推翻了毕达哥拉斯的著名理论“一切数均可表示成整数或整数之比”，由此导致了第一次数学危机。

例题：试比较 0.999…与 1 的大小。

解答：

$$
\begin{aligned}
0.999\cdots &= \lim_{n\to\infty} 0.\underbrace{999\cdots9}_{n\text{个}} \\
&= \lim_{n\to\infty} (0.9+0.09+0.009+\cdots+\underbrace{0.000\cdots09}_{n\text{个}}) \\
&= \lim_{n\to\infty} 9\times(0.1+0.01+0.001+\cdots+\underbrace{0.000\cdots01}_{n\text{个}}) \\
&= \lim_{n\to\infty} 9\times \sum_{k=1}^{n} \frac{1}{10^k} \\
&= \lim_{n\to\infty} 9\times \frac{\frac{1}{10}\left(1-\frac{1}{10^n}\right)}{1-\frac{1}{10}} \\
&= 1
\end{aligned}
$$

□

这里涉及对“极限”的理解。微积分中“无穷小”这个概念曾经导致第二次数学危机。不管是牛顿，还是莱布尼兹所创立的微积分理论都是不严格的。两人的理论都建立在无穷小分析之上，但他们对作为基本概念的无穷小量的理解与运用却有不严格的地方。牛顿用“路程的改变量 ΔS”与“时间的改变量 Δt”之比 $\Delta S/\Delta t$ 表示运动物体的平均速度，让 Δt 无限趋近于零得到物体的瞬时速度，并由此引出导数概念和微分学理论。

上述定义存在不严格的地方，导致微积分从诞生时就遭到了一些人的反对，其中以来自乔治·贝克莱（George Berkeley）的攻击最为有名。贝克莱悖论可以表述为“无穷小量究竟是否为 0”的问题：就无穷小量在当时实际应用而言，它必须既是 0，又不是 0。比如说计算 x^2 的导数，先取一个不为 0 的增量 Δx，由 $(x+\Delta x)^2-x^2$，得到 $2x\Delta x+(\Delta x)^2$，再除以 Δx，得到 $2x\Delta x+\Delta x$，最后令 $\Delta x=0$，求得导数为 $2x$。贝克莱说，这是“依靠双重错误得到了不科学却正确的结果”。因为无穷小量在牛顿的理论中一会儿说是 0，一会儿又说不是 0，违反了逻辑学中最基本的规律排中律，因此贝克莱嘲笑无穷小量是“已死量的幽灵”。

经过柯西和魏尔斯特拉斯用极限的方法定义了无穷小量，微积分理论得以发展和完善，从而使数学大厦变得稳固。

x 是 x_n 的极限，就是指：如果对于任何 $\varepsilon>0$，总存在自然数 N，使得当 $n>$

N 时，不等式 $|x_n - x| < \varepsilon$ 恒成立。

设函数 $f(x)$ 在点 x_0 的某一去心邻域内有定义，如果存在常数 a，对于任意给定的正数 ε，都 $\exists \delta > 0$，使不等式 $|f(x) - a| < \varepsilon$ 在 $|x - x_0| \in (0, \delta)$ 时恒成立，那么常数 a 就叫作函数 $f(x)$ 当 $x \to x_0$ 时的极限，记作 $\lim\limits_{x \to x_0} f(x) = a$。

希尔伯特对魏尔斯特拉斯的评价是："魏尔斯特拉斯以其酷爱批判的精神和深邃的洞察力，为数学分析建立了坚实的基础。通过澄清极小、极大、函数、导数等概念，他排除了在微积分中仍在出现的各种错误提法，扫清了关于无穷大、无穷小等各种混乱观念，决定性地克服了源于无穷大、无穷小朦胧思想的困难。今天，分析学能达到这样和谐可靠和完美的程度本质上应归功于魏尔斯特拉斯的科学活动"。

极限的概念对于微积分、计算机科学乃至整个现代科学来说都是极其重要的。没有极限，就没有微积分，就没有艾姆道尔定律，就没有相对论。光速是物质运动的最高速度，负载大小和串行比例固定条件下加速比存在上限，这些认识都建立在极限概念的基础上。

例题：2020 年我国从事类脑计算研究的学者在《自然》杂志上发表了关于神经形态完备性(Neuromorphic Completeness)的定义和证明，阅读文献[1]，复述神经形态完备性的定义，然后与魏尔斯特拉斯给出的关于极限的定义进行比较。

解答：神经形态完备性的定义如下：针对任意给定误差 $\varepsilon \geqslant 0$ 和任意图灵可计算函数 $f(x)$，如果一个计算机系统可以实现函数 $F(x)$，使得 $|F(x) - f(x)| \leqslant \varepsilon$ 对所有合法的输入 x 均成立，那么该计算机系统是神经形态完备的。

可以发现，上述定义沿用了魏尔斯特拉斯给出的关于函数极限的定义的框架。我们可以说：如果图灵可计算函数 $f(x)$ 是计算机系统可以实现函数 $F(x)$ 的极限，那么计算机系统就是神经形态完备的。 □

7.5 集合的基数与连续统假设

例题：可数无穷多个可数集合的并集合，是否是不可数的？

解答 1：设可数集合为

$$
\begin{aligned}
S_1 &= \{a_{11}, a_{12}, \cdots, a_{1n}, \cdots\}, \\
S_2 &= \{a_{21}, a_{22}, \cdots, a_{2n}, \cdots\}, \\
S_3 &= \{a_{31}, a_{32}, \cdots, a_{3n}, \cdots\}, \\
&\vdots
\end{aligned}
$$

而 $S = S_1 \cup S_2 \cup S_3 \cup \cdots$。对 S 的元素按如图 7-1 所示顺序排列。

在上述元素的排列中，由左上端开始，沿着箭头的方向，依次编号为 1，

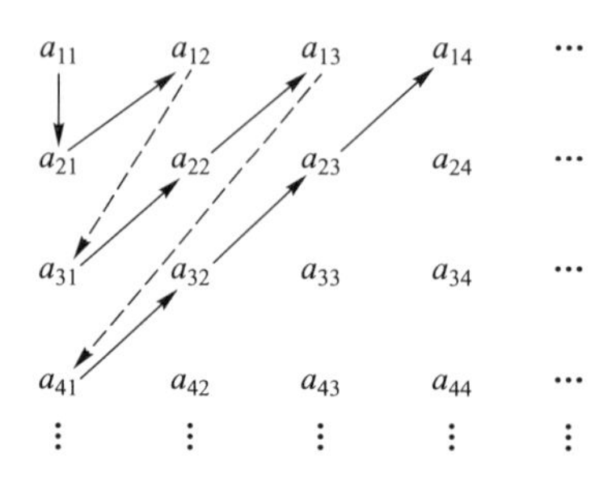

图 7-1 对矩阵中元素按照箭头顺序进行编号

2，3，…，显然它是可数的。 □

解答 2：换一种角度去分析：

$$T=\{x \mid n\in N,\ m\in N,\ x=2^n\times 3^m\}$$

$$S=\{a_{mn} \mid n\in N,\ m\in N\}$$

由算术基本定理，当 m，n 确定时，a_{mn} 唯一确定了，$x=2^n\times 3^m$ 也唯一确定了，所以 a_{mn} 与 $x=2^n\times 3^m$ 就建立了一一对应。

T 是自然数集的真子集，所以显然是可数的，从而 S 也是可数的。 □

解答 1 是直观的，解答 2 是形式化的。从解答 2，可以看出算术基本定理的威力，也就是素数因子分解的威力。

点评：对于形式系统 S，它衍生出的定理集合为 $T(S)$，这是一个可数集合。可数无穷多个形式系统 S_1，S_2…，它们衍生出的定理集合的并集合，仍然是一个可数集合。因此上面这个定理为形式系统的能力有限给出了解释。“为真”的命题的数量是不可数的，“可证”的命题数量是可数的。从这里，我们可以看到连续统假设与哥德尔不完备定理的连接之处。

7.6 算法的特征

推而广之，我们对算法的本质进行探讨。从教科书中知道算法需要具备 5 个特征：① 有穷性：必须在有限的步骤内终止；② 确定性：每一步骤必须被精确、严格地定义，不能有歧义性；③ 输入：有 0 个或多个输入；④ 输出(Output)：至少有 1 个输出；⑤ 能行性：所涉及的操作必须能够有效执行，操作在有限步之内完成。

上面 5 个特征，每一个特征都需要仔细挖掘、审视和斟酌，而且有必要思考上述 5 个特征和冯·诺依曼体系结构的 5 个部分是否有关联。

例题：操作系统包括了无限循环：等待操作指令、完成操作指令、完成后继续等待，如此无限循环。那么操作系统是算法吗？操作系统是程序吗？

解答：操作系统是一种反应式过程(Reactive process)，也就是需要不断地检查环境状态，并根据状态做出反应，这个过程是不终止的(Nonterminating)，所以操作系统不是算法。

图灵奖得主沃思在《计算机程序设计艺术》第1卷第1.1节专门讲到这个问题。他将算法除有穷性之外的所有特征归属于计算方法。算法是计算方法，但计算方法未必是算法。沃思还补充道：一种计算方法用计算机语言表达出来，就被称为程序。

像操作系统这样的反应式过程，具有算法的有穷性之外的所有特征，是一种计算方法，是程序，但不是算法。 □

例题：如果一个计算方法需要 10^{20} 个计算步骤，它具有算法的有穷性特征吗?

解答：10^{20} 是一个自然数，显然是有限的，从理论上，如果一个计算方法需要 10^{20} 个计算步骤，它具有算法的有穷性特征。

但是，事情并不是这样简单，我们进行一些估算。假设每个计算步骤需要1个指令，一台计算机每秒执行 10^{10} 条指令，一年约有 3.1×10^{7}s，这台计算机一年可以执行 3.1×10^{17} 条指令，执行完全部指令需要300年以上。而300年相对人的寿命来说太长，对一个具体的人来说，300年和无穷多年没有区别，都意味着“遥遥无期”。

所以，沃思认为算法特征中的有穷其实相当于“非常有穷”(very finite)。在不同类型的计算机中，相应的标准会变化，下面进行一些量化分析。

在经典个人计算机中，一个算法执行时间如果按1个工作日(24h)计算，算法的限度是 8.4×10^{14} 个步骤。

在经典超级计算机中，一个算法执行时间如果按100个工作日(2400h)计算，采用 10^{4} 台计算机，算法的限度是 8.6×10^{20} 个步骤。

在量子个人计算机中，2017年1月，D-Wave公司推出D-Wave 2000Q，该系统由2000个qubit构成，可以用于求解最优化、网络安全、机器学习和采样等问题。对于一些基准问题测试，如最优化问题和基于机器学习的采样问题，D-Wave 2000Q的性能是当前高度定制化加速器性能的1000~10000倍。如果按10000倍进行估算，算法的限度是 2.8×10^{18} 个步骤。

在量子超级计算机中，采用 10^{4} 台量子个人计算机，算法的限度是 8.6×10^{24} 个步骤。 □

点评：有穷与无穷的关系，是计算机科学中一个非常重要的关系。微积分的基础是关于极限的理论，其本质也是关于有穷与无穷的关系。

例题：从资源共享的时空粒度大小的角度，分析共享与私有的关系，理解时分复用和资源隔离。

解答：资源共享的时空粒度越小，共享程度越高，资源隔离性就越差。分析两个极端情况：(1) 资源共享的时空粒度最大时，全部资源在全部时间内分配给一个用户，这是最大程度的私有化；（2）资源共享的时空粒度最小时，极小的资源片在极小的时间片内分配给一个用户，这是最大程度的共享化。

其他各种情况，都处于上述两个极端之间。 □

例题：算法之中是否可以带有随机性？蒙特卡罗算法是否具有确定性特征？

解答：关于算法之中是否可以带有随机性，冯·诺依曼在《计算机与人脑》、图灵在《计算机器与智能》中均有探讨，这是一个与智能的产生密切相关的问题。也因为这个问题，算法被分为确定性算法和随机性算法。

确定性算法，是指算法中的步骤的含义是无歧义的、达成共识的。算法之中可以带有随机性。随机性是一种清晰的、服从统计规律的随机性，因此是可执行的(与算法的能行性发生关联)。

蒙特卡罗算法虽然有随机源，但其每一步都是无歧义的、达成共识的。□

例题：算法是否必须要有输入？如果有输入，是否必须在算法执行之前给出？

解答：算法可以没有输入。这个问题，冯·诺依曼在《计算机与人脑》中有讨论。比如计算圆周率的值，直接按照级数公式计算就可以了。

算法如果有输入，可以在算法开始执行之前给出，也可以在算法执行过程中给出，可以一次给出，也可以多次给出。 □

例题：算法是否必须要有输出？

解答：算法必须要给出输出。算法的价值就在于给出正确的输出，或者说在规定的时间和空间内给出正确的输出。 □

从时间考虑，我们希望尽快或者在规定的时限(如古斯塔夫森定律)内得到计算结果，由此引出高性能计算(High Performance Computing，HPC)和服务质量(Quality of Service，QoS)等概念。换一个时间或场合，人对计算的需求可能会变化。

例题：举出计算方法不满足能行性的两个例子。

解答：下面给出两个例子。

(1) 图灵奖获得者沃思[2]给出的例子是：如果4是满足方程 $w^n+x^n+y^n=z^n$ (其中 w，x，y，z 为正整数)的 n 的最大值，那么转到第四步。

因为现在还不知道4是否是满足方程 $w^n+x^n+y^n=z^n$(其中 w，x，y，z 为正整数)的 n 的最大值，所以上面的步骤现在不满足能行性。如果将来知道了4是否是满足方程 $w^n+x^n+y^n=z^n$(其中 w，x，y，z 为正整数)的 n 的最大值，上面步骤就变为能行了。因此，这是一个不满足能行性的例子：

$$g(x)=\begin{cases}1, & \text{若 4 是满足方程 } w^n+x^n+y^n=z^n \text{ 的 } n \text{ 的最大值}\\0, & \text{其他情况}\end{cases}$$

(2)

$$f(n)=\begin{cases}1, & \text{若 } \pi \text{ 的展开式中有连续的 } n \text{ 个 } 5\\ 0, & \text{其他情况}\end{cases}$$

对任意的自变量 n，现在还没有办法知道 π 的展开式中是否有连续的 n 个 5。表面上看，当 n 的值比较小时(如当 $n=1$ 时)，我们通过观察和检查 π 的展开式，还是有可能计算的。如果我们没有在已检查的位串中发现连续的 n 个 5，我们不清楚是否能在未检查的位串中发现连续的 n 个 5。 □

例题：根据算法的 5 个特征，判断菜谱是否是算法。

解答：我们需要分析算法与菜谱的联系与区别。

菜谱具有有穷性(步骤的数量有限)、输入(如食材、调料)、输出(如盛在盘子里可食用的一道菜)、有效性(有明确的步骤，厨师可以遵循操作)，但是不具有确定性，比如，菜谱中可能有“加少许盐”这样的描述，“少许”到底是多少，并没有明确，这对于受过训练的厨师来说不是问题，但对计算机来说就不可以了，因此菜谱不是严格意义上的计算机算法。

菜谱所容许的误差或模糊性，涉及人类智能与人工智能之间的联系和区别。目前大多数计算机算法是高度确定的，高度确定性是一把双刃剑，既有执行的便利性，又有泛化和健壮方面的局限性。理想的计算机算法，应该能够对不同的场景、不同的输入，均具有良好的泛化能力、健壮性、适应性、容错性，甚至具有自我学习、迁移学习能力，这些也使得“不确定性人工智能”成为一个重要的研究方向。 □

7.7 可计算性与时空的关系

什么是计算？计算的定义是什么？什么是算法？什么问题是可以计算的？什么问题是不可以计算的？计算与推理有什么区别？算法与证明有什么区别？经典计算机的计算与量子计算有什么区别？这些问题毫无疑问是计算机科学的基本问题。

图灵在 1936 年的论文中所展示的机器非常简单，但功能非常强大，实际上正是因为简单，它抓住并揭示了计算的本质，其中机器格局、完全格局、纸带等抽象概念具有深刻性和一般性，无论机器如何千变万化地具体实现，这些抽象的本质保持不变。

有两种不同的看待数字(比如 π)的方式，一种看法是，没有计算到数的某一位时，这一位并不存在；另一种看法是，数的每一位在计算之前已经存在。图灵在 1936 年中采用的是构造主义的办法，计算一个数是一个随时间发生的过程，没有计算到数的某一位时，这一位并不存在。不存在一个算法(有穷的通用过程)能只根据程序的描述去判定程序的结果，除非去亲自执行这个程序。之所以亲自去做才能知道结果，而不能预先知道结果，因为这里是图灵机所规定的最底层，不能再被分解和模拟。

可计算数是实数中那些确实可以被计算的数，只是实数的一部分，实数中存在大量的不可计算数，我们定义以下4种可计算数。

定义7.1：时空均不受限的可计算函数。对于函数$f(x)$，如果有一个确定的算法使得对任意给定的输入值x都能计算出对应的函数值，就说函数$f(x)$是可计算的。

注意，这里没有对从输入到输出所需计算时间及存储空间进行约束。图灵在论文中没有对计算时间和存储空间进行限制。当然，要求“能计算出”或者说“能停机”，也是对计算时间的限制，即使计算时间非常长，只要能停机，也叫可计算。

定义7.2：时间受限空间不受限的可计算函数。对于函数$f(x)$，如果有一个确定的算法使得在规定的时间内对任意给定的输入值x都能计算出对应的函数值，就说函数$f(x)$是可计算的。

定义7.3：空间受限时间不受限的可计算函数。对于函数$f(x)$，如果有一个确定的算法使得在规定的存储空间内对任意给定的输入值x都能计算出对应的函数值，就说函数$f(x)$是可计算的。

定义7.4：时空均受限的可计算函数。对于函数$f(x)$，如果有一个确定的算法使得在规定的存储空间且在规定的时间内对任意给定的输入值x都能计算出对应的函数值，就说函数$f(x)$是可计算的。

上面的分类类似于费林分类法①，对于我们理解可计算性是有意义的。实际上，通过这个分类法，我们能将并行计算三大定律②与图灵可计算性统一起来，将现实可计算性与理论可计算性统一起来。上面的分类说明了可计算性的相对性，第一种可计算性是最宽松的可计算性，第四种可计算性是最严格的可计算性，第二种和第三种介于两个极端之间。

对于什么是“算法”，需要给出确切的数学定义。验证一个看起来像算法的“算法”是否确实是一个算法问题，并不像想象中那样简单，事实上这个问题本身就是不可解的。

假设我们能够把所有的算法按照某种顺序依次排列，按自然数给它们依次赋予序号，第i个算法对应的函数是$f_i(x)$。

例题：判断是否存在一个算法，该算法对应的函数是$f_x(x)+1$。

解答：$f_x(x)+1$的含义是：找到第x个算法，然后把该算法作用在输入x上，最后把结果增加1。这个过程看起来没有任何问题，有确定的输入和确定

---

① 将在第12章讨论费林分类法。

② 将在第9章详细论述。

的处理步骤。

设算法 j 对应着 $f_x(x)+1$，算法 j 按定义对应着 $f_j(x)$，所以

$$f_j(x)=f_x(x)+1$$

当输入 x 为 j 时，出现了下面的矛盾

$$f_j(j)=f_j(j)+1$$

所以不存在一个算法，该算法对应的函数是 $f_x(x)+1$，或者说 $f_x(x)+1$ 是不可计算的。 □

上述解答结束之后，我们仍然有困惑：既然已经给出了 $f_x(x)+1$ 的计算过程，为什么它是不可计算的？问题出在我们不能判断计算 $f(x)$ 的过程是否是算法。

定理：对于定义域为正整数集，且值域也为正整数集的函数，不存在一个算法能够判定一个计算函数值的过程是否是一个算法。

对于这个定理的理解和讨论，将会贯穿本书。我们将会发现它与罗素悖论、哥德尔不完备定理、图灵不可计算数等都有关系。很多重要的问题都共同指向的东西，毫无疑问是问题的核心，也是最本质的东西。在纷繁复杂、议题众多的表象之下归约、凝聚出这个核心，以便在计算机科学的素养上有一个认识论上的飞跃。

7.8 递归与可计算的本质联系

可计算的本质就是递归。我们从下面这道具体的例题讲起。

例题：解方程 $\sqrt{2+\sqrt{2+\sqrt{2+x}}}=x$。

解答：如果直接将方程两边平方，将会比较复杂，而且要多次平方，才能消除 3 个根号。

需要认识到原方程等价于下面这个方程

$$\sqrt{2+x}=x$$

将两边平方，得到

$$2+x=x^2$$

$$(x+1)(x-2)=0$$

又

$$x\geqslant 0$$

所以

$$x=2$$

□

点评：原方程包括了 3 个根号，实际上可以包括任意多个根号(也就是说代入操作可以进行任意多次，可以随时停下来，可以一直进行下去)，方程的

本质不变，还是同一个方程，方程的解不变。

$$\sqrt{2+\sqrt{2+\sqrt{2+\sqrt{2+\cdots}}}}=x$$

递归函数是可计算理论很多研究角度中的一种，起源于哥德尔 1931 年的关于不完备定理的文章：

① 后继函数 $S(x)=x+1$；

② 零函数 $Z(x)=0$；

③ 射影(投影)函数 $P_j^n(x_1, x_2, \cdots, x_n)=x_j$。

这 3 个函数非常简单、基本，但作用很大。后继函数提供了增加的可能，零函数提供了归零的可能，射影函数提供了选择的可能。这里回忆一下程序的基本结构有 3 种：顺序结构、循环结构和选择结构，可以发现它们与上述 3 个函数有非常好的对应。对于顺序结构，执行完当前指令之后，程序计数器加 1，执行下一条指令，对应着后继函数。对于循环结构，执行一个循环体对应的指令序列之后，程序计数器重新指向循环体的起始，对应着零函数。对于选择结构，程序计数器需要在多个分支中进行选择，对应着射影函数。

认识到存在上述对应，而且认识到这种对应不是偶然的，而是具有内在的必然性，将会对可计算性理论、递归函数论、程序的结构有更深刻的理解。上述 3 个函数，称为基本函数，也就是说一切的递归函数都从它们演算(演化计算)、生发(生长发展)而来，演算或生发的规则有两个：

(1) 代入(复合)运算：从递归函数 $g_1(x_1, x_2, \cdots, x_n)$，$g_2(x_1, x_2, \cdots, x_n)$，…，$g_m(x_1, x_2, \cdots, x_n)$ 及 $h(x_1, x_2, \cdots, x_m)$，通过代入运算得到的函数 $f(x_1, x_2, \cdots, x_m)$，也是递归函数，形式如下

$$f(x_1, x_2, \cdots, x_m)=h(g_1(x_1, x_2, \cdots, x_n), g_2(x_1, x_2, \cdots, x_n), \cdots, g_m(x_1, x_2, \cdots, x_n))$$

(2) 递归运算：

$$f(0, x_2, \cdots, x_n)=g(x_2, \cdots, x_n)$$

$$f(x+1, x_2, \cdots, x_n)=h(x, f(x, x_2, \cdots, x_n), x_2, \cdots, x_n)$$

上面两类运算的深层次含义是值得深入思考的。

代入运算，也叫复合运算，就是把上一个操作的输出作为当前操作的输入，这样就相当于在上一个操作的输入上先后经历了上一个操作和当前操作两个运算，所以代入相当于计算效果(成果)的传递和继承。

如图 7-2 所示，递归就是用“旧的自己”构造“新的自己”。在这里好像看到了数学归纳法的影子，实际上递归与数学归纳法在本质上存在联系。

若存在有限的函数序列 $\langle f_1, f_2, \cdots, f_k \rangle$，使得序列中的每个函数或者是作为基本函数，或者是由序列中前面的函数按照代入运算和递归运算规则得到，而 $f_k=f$，则 f 是一个递归函数，$\langle f_1, f_2, \cdots, f_k \rangle$ 称为 f 的生成序列。

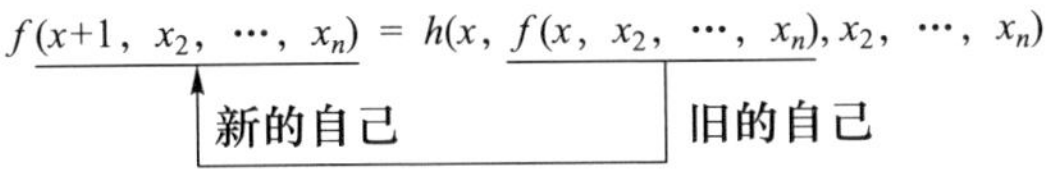

$$f(x+1, x_2, \cdots, x_n) = h(x, f(x, x_2, \cdots, x_n), x_2, \cdots, x_n)$$

新的自己　　旧的自己

图 7-2 递归函数的示意

例题： 函数的生成序列类似人的生成序列。例如，《三国演义》第二十回记载："帝教取宗族世谱检看，令宗正卿宣读曰：'孝景皇帝生十四子。第七子乃中山靖王刘胜。胜生陆城亭侯刘贞。贞生沛侯刘昂。昂生漳侯刘禄。禄生沂水侯刘恋。恋生钦阳侯刘英。英生安国侯刘建。建生广陵侯刘哀。哀生胶水侯刘宪。宪生祖邑侯刘舒。舒生祁阳侯刘谊。谊生原泽侯刘必。必生颍川侯刘达。达生丰灵侯刘不疑。不疑生济川侯刘惠。惠生东郡范令刘雄。雄生刘弘。弘不仕。刘备乃刘弘之子也。'帝排世谱，则玄德乃帝之叔也。"根据所述，试给出文中刘备的生成序列，并说明这个生成序列与函数的生成序列的区别。

解答：刘备的生成序列为

<刘启，刘胜，刘贞，刘昂，刘禄，刘恋，刘英，刘建，刘哀，刘宪，
刘舒，刘谊，刘必，刘达，刘不疑，刘惠，刘雄，刘弘，刘备>

这个生成序列是从景帝(刘启)开始的，这里按照题目要求，追溯到文中第一位皇帝即可，不必再向前追溯。相比之下，函数的生成序列一般从最基本的函数("肇基"函数)开始，这是第一个区别。

人的生成序列在生物学上应该包括父亲和母亲，但在封建宗法观念中男尊女卑，省略了母亲的信息，且从政治角度考虑陈述官职，相比之下，函数的生成序列在信息上更完整、在表达上更纯粹，这是第二个区别。 □

例题： 判断二元加法运算对应的函数 $f(x, y)=x+y$ 是否为递归函数。

解答： 加法具有如下的递归定义，其中 S 为后继函数：

$$x+0=x$$

$$x+S(y)=S(x+y)$$

我们先进行一些分析，以下两步比较关键：

$$f(0, y)=y$$

$$f(x+1, y)=f(x, y)+1$$

$f(0, y)=y$ 可以通过投影函数 $P_1^1(y)=y$ 得到，即

$$f(0, y)=P_1^1(y)$$

$f(x+1, y)=f(x, y)+1$ 可以通过射影函数和后继函数复合得到，$f(x+1, y)=h(x, f(x, y), y)=S\circ P_2^3(x, f(x, y), y)$

从而得到二元加法运算的生成序列是 $\langle S, P_1^1, P_2^3, S\circ P_2^3, f\rangle$，所以，二元加法运算对应的函数 $f(x, y)=x+y$ 为递归函数。 □

点评： 上面给出加法运算的递归定义。加法似乎已经很简单了，但它可被

还原为更简单的操作，上述过程体现了还原论的思想。

图灵在他的论文中定义了 4 个概念，下面分别介绍。

7.9 自动机器与选择机器

第一个概念是自动机器(Automatic machines)。图灵说："如果机器在每一阶段的动作完全由格局所决定，则称这样的机器为'自动机'(或 a-机器)"。

《不列颠百科全书》这样定义机器(Machine)：机器是一种装置，目的是协助或代替人或动物完成体力任务。这一大类包括诸如斜面、杠杆、楔块、轮轴、滑轮和螺钉(所谓的简单机器)等简单装置以及诸如现代汽车这样复杂的机械系统。

《不列颠百科全书》这样定义计算机：计算机，处理、存储和显示信息的装置。Computer 曾经指做计算的人，但现在这个术语几乎普遍指的是自动化的电子机器。

我们给计算机下这样一个定义供读者参考：计算机是人类发明的协助或代替人类完成包括数值的或非数值的部分或所有纯智力任务的半自动化或全自动化的装置。对这个定义，我们需要注意以下几点：

① 强调"半自动化或自动化的装置"。算盘、算筹是纯手动的计算工具，但不是计算机。"程序存储"(Stored-program)是计算机的核心特征，目的就是要实现"自动化"。

② 强调"纯智力"。见本书第 6.7 节图灵给出的理由。

③ 强调"部分或所有"。一个能算"1+2=3"的装置是计算机，但不能满足于此，还要能写十四行诗，最终能代替人做所有的纯智力活动。

④ 强调"数值的或非数值的"。计算机早期主要用于科学计算，现在仍然可以做科学计算，但除此之外，现在还用于非数值计算，而且这方面的重要性越来越突出。智能更多的时候是与非数值计算联系在一起的。

⑤ 强调"协助或代替"。需要人参与才能继续进行下去的机器是所谓的"选择机"，"协助"对应的是"选择机"，"代替"对应的是"自动机"。

⑥ 关于"机器"的定义是否强调"人或动物"。图灵在《计算机器与智能》一文中批判了"出于优越感将人视为唯一可以思考的主体"的观点。我们认为，机器可以思考，动物也可以思考，不同的动物有着不同水平的智能。但是，因为人造计算机只能由人进行编程，计算机协助或代替的直接对象只能是人。我们设想这样的情形：对于一个动物，在它的大脑受到损伤时，我们用一个经过合适编程的计算机芯片替代它的大脑的全部或一部分，有可能可以协助或代替它的智力活动。但无论如何，这种协助或替代是通过人类完成的。

图灵在他的文章中这样说："我们也可能出于某些目的，使用那些格局只能部分决定动作的机器（选择机或 c-机器）（因此，我们在§1 里用了‘可能’一词）。当这样的一台机器达到那些模糊的格局之一时，它不能继续运转，直到机器外部的操作者给出某种任意的选择。我们用机器来处理公理系统（Axiomatic system）时就会出现这种情况。在本文中，我只讨论自动机，因此将会经常省略前缀 a-”。

从图灵的表述，我们可以理解自动机与选择机的本质区别。在程序的执行过程中，如果机器还需要自己之外的因素（比如人）参与（进行选择），那机器就没有实现完全自动化，所以就是选择机。在程序的执行过程中，如果机器不需要自己之外的因素参与，自主完成所有操作，那么机器就实现了完全自动化，所以就是自动机。

7.10 计算机器

第二个概念是计算机器（Computing machines）。如果一台自动机打印两种符号，第一类符号（称为数字）完全由 0 和 1 组成，其他符号称为第二类符号，那么这样的机器就称为计算机器。如果给机器装上空白纸带，并且从正确的初始 m-格局开始运转，那么机器打印出的第一类符号组成的子序列就叫作“机器计算出的序列”，在这个二进制小数序列的最前面加上一个小数点，所得的实数就称为“机器计算出的数”。

在机器运转中的任何阶段，被扫描方格的标号、纸带上所有符号构成的序列以及 m-格局，共同描述了这个阶段的完全格局。在相邻的两个完全格局之间机器和纸带发生的变化，称为“移动”（Move）。

7.11 循环机器和非循环机器

第三个概念是循环机器（Circular machines）和非循环机器（Circle-free machines）。如果一台计算机器只能写下有限个第一类符号，它就被称为“循环的”，否则被称为“非循环的”。

如果一台机器运行到了某个不能移动的格局上，或者它能继续移动并有可能打印出第二类符号但不能打印出第一类符号，那么它就是循环的。

注意，非循环机是完成可计算数所需计算的主体，非循环机就是能输出小数点后任意位数的数字的机器。

什么是计算机器？什么叫计算？以圆周率 π 这个数为例来说明。在计算之前，我们知道它表示一个数。如果我们能知道 π 这个数的二进制形式的小数点后第任意个位是 0 还是 1，就说 π 这个数是可计算的。

计算机器就是告诉我们“π 这个数的二进制形式的小数点后第任意个位是

0 还是 1”的一种装置。假如我们想知道 π 的二进制小数形式的小数点后第 N 位的数字是 0 还是 1，计算机器把答案写在纸带上，这时我们说“π 的二进制小数形式的小数点后第任意位的数字被计算出来了”，这时，我们就说 π 是可计算的。“π 的二进制小数形式的小数点后第任意位的数字被计算出来了”与“π 是可计算的”是等价的。

7.12 可计算序列和可计算数

第四个概念是可计算序列(Computable sequences)和可计算数(Computable numbers)。如果一个序列可以被非循环机计算出来，那么它就是可计算序列。如果一个数与非循环机计算出来的数只相差一个整数，那么它就是可计算数。图灵说，为了避免混淆，他会更多地提及可计算序列，而非可计算数。

为什么必须是被非循环机计算出来，才说是可计算的呢？比如 1/2 这个数，它的二进制小数形式为 0.1，为什么要“输出小数点后任意位数的数字”呢？让我们来还原计算机器计算的过程：计算机器通过执行一种算法，确定了 1/2 的二进制小数形式的第 1 位为 1，这时第 2 位开始的后面所有位在纸带上还没有体现。

对一个数来说，如果说它被计算，是指它作为一个整体，它的二进制形式的所有位都可以被计算，这个任务不可能由循环机完成(因为根据循环机的定义，循环机只能在纸带上写下有限个数字 0 或 1)。也就是说，任何数 x(无论是有限的还是无限的)的二进制小数后面都有无穷多位(这些位上只要有 1 位不能被计算，x 作为一个整体是不可计算的)。

再举一个例子：当 x 表示 0 时，x 是否可计算。答案是：可计算，因为 x 的准确表达形式是：$x=0.\dot{0}$。注意，只有非循环机能够表达 $0.\dot{0}$。

法国学者吉尔·多维克在《计算进化史》[3] 中有关于可计算性的一段话，大意是 20 世纪 20 年代，希尔伯特提出了一个问题，并称之为“判定问题”：有没有一种算法，能够判定在谓词逻辑下的命题是否可以证明成立呢？如果一个问题可以用算法解决，我们就说它是“可判定”或是“可计算”的。对于一个函数，比如由两个数得出其最大公约数的函数，如果用 x 的值可以计算出 $f(x)$ 的值，我们就说它是“可计算”的。于是，希尔伯特的判定性问题就可以这样表述：设有一个关于命题的函数，该函数可证明成立则函数值为 1，否则为 0，那么这个函数可计算吗？

注意，上面这段中有这样一句：如果一个问题可以用算法解决，我们就说它是“可判定”或是“可计算”的。这里可计算性的定义就依赖算法的定义了。

算法是关于问题解决方案的准确而完整的描述，是一系列清晰的指令。也就是说，能够对一定规范的输入，在有限时间内获得所要求的输出。如果一个算法有缺陷，或不适合于某个问题，执行这个算法将不会解决这个问题。不同的算法可能用不同的时间、空间或效率来完成同样的任务。一个算法的优劣可以用空间复杂度与时间复杂度来衡量。

算法中的指令描述的是一个计算，当其运行时能从一个初始状态和(可能为空的)初始输入开始，经过一系列有限而清晰定义的状态，最终产生输出并停止于一个终态。一个状态到另一个状态的转移不一定是确定的。随机化算法包含了一些随机输入。

形式化算法的概念部分源自尝试解决希尔伯特提出的判定问题，并在其后尝试定义可计算性中成形。这些尝试包括：① 雅克·埃尔布朗和库尔特·哥德尔提出埃尔布朗-哥德尔方程组；② 库尔特·哥德尔、雅克·埃尔布朗和斯蒂芬·科尔·克莱尼分别于1930年、1934年和1935年提出递归函数；③ 阿隆佐·邱奇于1936年提出λ演算；④ 波斯特于1936年提出Formulation 1；⑤ 艾伦·图灵于1936年提出图灵机。事实上，上面这些定义都是相互等价的，变换或重写是这些定义的共通之处，也是计算理论的核心。

7.13 结束语

计算机系统设计者理解计算的本质与功能，对于从数学理论层面准确完整地把握计算机系统具有基础性的指导意义。对于计算机系统，从物理的角度去理解，它是实现计算功能的物理实体；从数学的角度去理解，它体现了计算的数学本质。计算机系统对应的物理实体往往具有多样的表现形式，而计算机系统对应的数学本质往往具有稳定单一的特点。只有把两个角度的理解结合起来，计算机系统设计者才能在头脑中实现虚拟与现实、抽象与具体之间的统一。

思考题

7.1 图灵所说的可计算性对时间和空间是否有约束？

7.2 理解递归与可计算之间的等价关系。

7.3 思考历史上存在哪三次数学危机，并与第7.4节和第15.3节的论述对照，进一步思考这些危机与极限、可计算性以及智能之间是否存在本质上的联系。

7.4 图灵在1936年的论文中证明了有很多问题是计算机不可计算的，在1950年的论文中提出计算机可以思考，这两篇论文的结论是否矛盾？也就是说，既然存在大量的不可计算数或不可计算的问题，为什么仍然可以构造能够思考的机器?

参考文献

[1] Zhang Y H, Qu P, Ji Y, et al. A system hierarchy for brain-inspired computing[J]. Nature, 2020, 586(7829): 378-384.
[2] Knuth D E. The Art of Computer Programming Vol 1: Fundamental Algorithms [M]. 3rd ed. New Jersey: Addison-Wesley, 2010.
[3] 多维克. 计算进化史[M]. 劳佳, 译. 北京: 人民邮电出版社, 2017.

8 云计算中的效率与公平

8.1 引言

云计算(Cloud Computing)是近年兴起的一种计算模式，具有与个人计算、超级计算等传统计算模式不完全相同的价值导向。面对多样化的大量用户应用，如何将纷繁复杂的数据中心资源分配给各个用户应用，是一个重要的问题。传统计算模式的价值导向是高通量、高吞吐率、高性能，本章将在考虑系统整体性能的基础上(在 Amdahl 定律逆定律的指导下将处理器分配给能换来最大加速比的应用)，讨论博弈论意义上的公平，对云计算数据中心的资源分配具有重要的理论意义和实用价值。本章的议题将涉及博弈论[1]、市场均衡[2]、公平、性能、云计算及资源分配等。

共享与独占是对立统一的两个方面。应用对性能有高要求，即期望能在短时间内被执行完毕。在理论上，应用被分配的处理器数量越多，潜在的硬件并行度就越大。但是，同时运行的应用数量较多，这些应用在需求和重要性上有较大差异，系统的处理器总量有限，如何在这些应用之间分配处理器，关系到每个应用的性能(即执行时间的倒数)、系统的效率和公平性。

整体上来说，并行是节省时间的一种基本方式①，Amdahl 定律及其逆定律具有重要作用，这一点不仅对超级计算成立，对云计算也成立。

价值导向(同时兼顾性能与公平)、划分方式(基于授权的划分方式)、效用函数(最大加速比)、市场均衡(将数据中心的资源分配过程映射为市场中的商品交易过程)是本章论述的 4 个基本要点。

8.2 共享资源时的不同价值导向

任何不同的资源分配策略，均服务于各自的目标函数，更本质地说，是服务于各自的价值导向。性能、效率、资源利用率、公平性、用户体验或者它们

① 另一种节省时间的基本方式是采用加速部件或加速器，比如高速缓存(Cache)及专用加速器(Accelerator)。

的组合，都是资源分配时可以选择的优化目标。不同用户的任务可能具有不同的重要性和紧急性，而且不同的用户为系统的构造、运行及维护承担了不同的费用，因此需要考虑共享动机和公平性的问题。

传统的研究默认所有用户必须参与共享资源。但事实上，如果用户从一种共享资源分配机制中获取的效用低于平均分配资源时的效用，那么这个用户就没有参与共享的动机，他宁可选择平均分配资源，也就是平均划分，然后各自独占的方式。

公平在直觉上与在博弈论上具有不同的定义。有研究认为，保持任务之间的性能损失(使用减速比进行量化)一样，就是公平。但是，在博弈论中，一个公平的分配被定义为无嫉妒(Envy-free，EF)而且帕累托高效(Pareto Efficiency，PE)。所谓无嫉妒，就是如果让用户自己选择，每一个用户都只会选择自己的当前分配，而不是别人的分配。所谓帕累托高效，就是不存在一个更优的方案使得在不损害其他用户效用的前提下改善一个用户的效用。如果已经达到了帕累托高效，再继续调整分配策略不能增加整体效益。

8.3　三种划分共享资源的方式

系统在多用户之间划分份额的方式包括预留方式、优先级方式及授权方式，具体解释如下：

(1) 预留方式：根据用户的预约请求进行资源分配。如果用户预约请求的资源超过了自己的实际需求，资源将不能被充分利用。

(2) 优先级方式：根据用户任务重要性的相对大小进行资源分配，如果两个用户同时竞争同一资源，资源将分配给高优先级的用户。这种方式将会使用户之间的相互干扰暴露给用户(特别是优先级较低的用户)，用户获得的性能具有不确定性。

(3) 授权方式：授权方式中每个用户拥有一个最低的分配额，没有被利用的资源被重新分配。所以授权方式具有优先级方式不具有的隔离性，而相对预留方式能够提高资源利用率。

三种资源分配方式的特点见表8-1。

表8-1　三种资源分配方式的特点比较

特点	预留方式	优先级方式	授权方式
隔离性	√	×	√
资源利用率	×	√	√

处理器资源分配机制分为两个部分，一个是效用函数，另一个是市场。这两个部分被协同设计，来快速发现满足市场均衡的分配方案。

8.4 Amdahl 定律的逆定律与 Amdahl 效用函数

应用程序可并行部分的比例比较难确定，程序员很少知道所编写算法或代码的可并行部分的比例。但是，可以根据 Amdahl 定律的逆定律，通过测量加速比来估计可并行部分的比例。

8.4.1 Amdahl 定律的逆定律

设 p 表示处理器数量，加速比 S_p 具有如下形式：

$$S_p = \frac{T(p)}{T(1)} = \frac{T(1)f + \dfrac{T(1)(1-f)}{p}}{T(1)} = f + \frac{1-f}{p} \tag{8-1}$$

整理式(8-1)，可得

$$f = \frac{1/S_p - 1/p}{1 - 1/p} \tag{8-2}$$

由式(8-2)可得并行部分比例与加速比的关系式：

$$F = 1 - f = \frac{1 - 1/S_p}{1 - 1/p} \tag{8-3}$$

公式(8-3)被称为 Amdahl 定律的逆定律，用于估计应用程序在计算机系统上被并行处理部分的比例。

8.4.2 Amdahl 效用函数

Amdahl 效用函数定义为加速比的加权平均值，如式(8-4)，其中 w_{ij}为用户 i 在服务器 j 上的任务量的比例。

$$u_i(x_i) = \frac{\sum_{j=1}^{m} w_{ij} S_{ij}(x_{ij})}{\sum_{j=1}^{m} w_{ij}} \tag{8-4}$$

其中，

$$S_{ij}(x_{ij}) = \frac{x_{ij}}{F_{ij} + (1 - F_{ij}) x_{ij}}$$

其中，F_{ij}通过式(8-3)测量，表示用户 i 的任务在服务器 j 上被并行处理的比例；x_{ij}表示给用户 i 在服务器 j 上分配的处理器核心的数量；$S_{ij}(x_{ij})$表示相应的加速比。

8.5　市场模型与市场均衡

使用市场理论来分配处理器资源，具有多种性质。首先，这是一种有助于共享的方案，即每个用户总是可以获得自己的授权份额，有时还可以获得更多。其次，这是帕累托高效的，即不存在一种方案使得在不损害其他用户收益的前提下，能使某一用户获益。最后，这是一种防范欺诈的方案，用户众多且相互竞争，没有用户可以通过误报效用获得收益。

8.5.1　市场模型

用户 i 的分配向量 $\boldsymbol{x}_i=(x_{i1}, x_{i2}, \cdots, x_{im})$，$x_{i1}$是在第 1 个服务器上分配的处理器核数，$x_{im}$是在第 m 个服务器上分配的处理器核数，用户 i 的效用为 u_i，市场模型可描述为

$$\max u_i \boldsymbol{x}_i$$

8.5.2　市场均衡

在市场均衡中，所有的用户都得到最优的分配，处理器没有过剩或赤字。价格向量 $\boldsymbol{p}^*=(p_j^*)$，分配向量 $\boldsymbol{x}^*=(x_{ij}^*)$，在满足以下两个条件时构成一个均衡。(1) 市场清空：每个服务器中所有的处理器核心都被分配；(2) 最优分配：在满足每个用户预算的前提下最大化效用。可见，市场均衡的定义之中包括的条件暗含了资源被充分利用(由“市场清空”规定)和方案经过了优化搜索已经最优(由“最优分配”规定)。

令 C_j 表示服务器 j 上的处理器数量；$\sum_j C_j p_j^*=B$，B 是所有用户预算的总和；b_i 为用户 i 的预算；则用户 i 在服务器 j 上被授权的处理器数量为 $x_{ij}^{ent}=(b_i/B)C_j$。从这个式子可以看出，用户 i 被授权的处理器数量 x_{ij}^{ent} 正比于自己的预算 b_i。用户在不同服务器上划分的预算正比于从不同服务器上获取的效用。市场在不同用户上划分的资源正比于不同用户的投标。根据 1954 年 Arrow 和 Debreu 得到的在竞争经济中存在着均衡的结论，因为 Amdahl 效用函数是连续的且是凹的，所以费希尔市场均衡一定存在。系统的进展是多用户进展的加权平均，其中权值为用户预算与全部预算的比例。

8.6　资源调度分配算法

本节将对常见的几种算法进行比较。

8.6.1 Amdahl 投标算法

Amdahl 投标算法是用户根据效用和服务器价格对处理器进行投标，在此过程中一些处理器核心会从并行度较低的作业移动分配到并行度较高的作业上。

8.6.2 贪婪算法

贪婪算法以性能为中心，预估在不同处理器核心上的加速比，将每一个处理器核心分配到能产生最大加速比的负载上。

8.6.3 上界算法

与贪婪算法一样，上界算法也以性能为中心，但是它的目标是最大化系统进展。根据系统进展的定义，这个机制在追求性能时偏向具有较大预算和授权的用户。

8.6.4 按比例共享算法

按比例共享算法，对每一个服务器正比于用户的授权，按比例进行处理器的分配。如果一个用户在一个服务器上没有进行计算，其份额将在该服务器上的其他用户之间按授权比例进行分配。这个算法在各个服务器内部严格遵循了授权，但在多服务器整体上违反了授权。

8.6.5 最佳响应算法

与 Amdahl 投标算法一样，最佳响应算法基于市场机制，在公平性和性能之间实现平衡。用户对资源进行投标，随后市场宣布新价格，然后用户按照内部点方法(interior point method)优化投标，这个过程迭代地进行下去，直至算法收敛。由于 Amdahl 效用函数是凹函数，内部点方法可以在多项式时间内发现最优投标。

Amdahl 投标算法与最佳响应算法有重要区别，体现在更新投标的开销和适合的系统规模方面。首先，在更新投标的开销方面，Amdahl 投标算法的开销较小，原因是 Amdahl 投标算法在更新价格时，通过一个清晰明确的方程来更新投标，相比之下，最佳响应算法通过求解一个优化问题来更新投标，在大规模系统中，最佳响应算法的做法会导致极高的开销。其次，Amdahl 投标算法更适合大规模高竞争系统，Amdahl 投标算法在用户之间自由竞争、接受但不影响价格(price-taking，即假设投标不显著影响价格)时发现费希尔市场均衡，相比之下，最佳响应算法在用户自己意识到他们的投标可以改变价格(这一意识会影响自己投标)时发现纳什市场均衡。在小规模系统中，单个用户的投标更可能改变价格。

通过实验可以发现：

（1）Amdahl 投标算法的性能比按比例共享算法的要高，原因是按比例共享算法只关注授权，忽略了性能，有些处理器核心分配给某个应用时，可能只能获得少量的增益，如果分配给其他应用，可能会获得较大的增益。

（2）正如其名称所示，上界算法的性能最好，是性能上界的值，Amdahl 投标算法的性能达到了上界算法的 90%以上，说明 Amdahl 投标算法在兼顾公平性的同时，在性能方面已经挖掘了绝大部分的潜力。

（3）贪心算法的性能随着负载密度的增加而减少，贪心算法将处理器核心分配给加速比可能最大的用户，这种分配很可能是错误的，因为系统进展的定义中以授权作为权值，但贪心算法完全没有考虑授权。当负载密度增大时，更多的用户共享同一服务器，处理器资源变得越来越稀缺，这时每个处理器核心都比较重要。

（4）Amdahl 投标算法与最佳响应算法的性能相当，但 Amdahl 投标算法对显式方程进行求解，计算开销与用户数量、负载数量、服务器数量无关，最佳响应算法利用内部点法或登山法进行求解，计算开销与用户数量、负载数量及服务器数量有关，所以 Amdahl 投标算法在计算开销方面具有明显优势。

在我们的实验中，预算正比于等级，例如等级 4 用户的预算是等级 2 用户预算的 2 倍，等级 5 用户的预算是等级 1 用户预算的 5 倍。从实验数据可以得到以下结论：

（1）上界算法偏向等级较高的用户，贪心算法没有偏向等级较高的用户。

（2）Amdahl 投标算法在不同等级的用户中获得的性能是类似的（最佳响应算法也是如此），从博弈论意义上实现了公平。

（3）Amdahl 投标算法和最佳响应算法在性能上超过按比例共享算法。将预算分解为对处理器核的投标，等价于用运行并行度较低任务服务器上的处理器核心，来交换并行度较高任务服务器上的处理器核心，这样的交换使得 Amdahl 投标算法和最佳响应算法在性能上超过按比例共享算法。

8.7 启发意义

8.7.1 显式方程具有机器学习不具有的优势

数值解是通过近似计算得到的解，是采用有限元、数值逼近、插值等方法得到的解。解析解是给出解的具体的严格的封闭形式的函数形式，从解的表达式可以计算出输入对应的函数值。

封闭形式的方程是显式的计算表达式，是传统科学理论的基本形式，比如牛顿三大运动定律及麦克斯韦方程组，它们具有可解释、可证明、计算开销小及确定性强的特点。相比之下，机器学习那样的黑盒子方法不可解释、不可证明、计算开销大且不确定性强。

效用函数是一个封闭形式的方程，能够反映软件、硬件之间的交互，即从底层的硬件资源到应用程序效用的转化关系，从这个意义上来说，效用函数是应用程序对应的效用。

8.7.2 时间具有基本量意义上的重要性

时间是贯穿计算基础理论与计算机设计的最重要的基本量之一。性能、用户体验、服务质量、功耗、温度及可靠性等都与时间密切相关。具体来说，应用执行时间的倒数即为应用的性能；用户的尾延迟是否低于用户能容忍的阈值，将决定用户体验；满足的体验要求的用户数量越多，服务质量越高；功耗管控电路与应用的执行(忙碌与空闲)方式有密切关系，温度也是如此；可靠性一般用平均故障时间(Mean Time Between Failure，MTBF)来度量，显然与时间密切相关。

一个任务能否计算、能否快速地计算，分别是可计算性理论和高性能计算两大领域的核心问题。其中，一个任务能否计算，不关心在多久时间范围内完成计算，这是功能的考虑；一个任务能否快速地计算，则关心在多久时间范围内完成计算，这是性能的考虑。从概念上讲，性能是具有较高时间要求的功能，所以可以认为是功能的特例。

时间具有一维单向性，即历史长河中的时间是一去不复返的，所以时间的节省要依靠复用。具体来说，在任务量一定时，节省时间有两种方式：一种是时间复用，在同一时间段内，多个任务同时运行，本质是挖掘开发利用并发性(Concurrency)；另一种是空间复用，高速缓存中的数据被多次复用，即通过一次长路径、长延迟的数据移动，带来多次短路径、短延迟的数据访问，本质是开发局部性(Locality)。从概念上讲，在第二种方式中，可以认为后续发生的多次短路径、短延迟的数据访问，已经虚拟地与第一次长路径、长延迟的数据移动同时开始了，所以第二种方式可以认为是第一种方式的特例。

8.7.3 性能模型帮助应用程序性能优化

根据 Amdahl 定律，应用的串行部分对系统效率具有制约作用，Karp 和 Flatt 给出了更清晰的表达[1]。整理式(8-1)，可得

$$\frac{p}{S_p} = f \times (p-1) + 1 \qquad (8-5)$$

设 e 为系统效率，则得

$$\frac{1}{e}=f\times(p-1)+1 \tag{8-6}$$

假设f与p无关，将式(8-6)两边对p进行求导，得

$$\frac{\mathrm{d}}{\mathrm{d}p}\frac{1}{e}=f \tag{8-7}$$

从式(8-7)可以清晰地看到，随着处理器数量的增加，效率的倒数以f的速度上升，所以效率在下降。可以推广式(8-7)到Gustafson和Sun-Ni定律的情形。从文献[1]，可以看到Karp-Flatt公式有助于改善超级计算的基准应用Linpack和获得戈登·贝尔奖的应用的性能，可见其不仅具有理论价值，也具有现实影响力。

8.7.4　市场理论和博弈论可以用于数据中心的资源分配

将市场理论应用于云计算数据中心的资源分配与管理，是一个研究热点。市场理论、博弈论等具有社会科学背景的理论，应用于计算机领域，说明了社会科学与自然科学之间应该而且能够交叉融合。

追求的目标是性能还是公平性，还是兼有两者，是价值观的反映，什么是公平值得研究。平均划分，不一定是公平；性能损失也一样，也不一定是公平。文献[1]给出了一个实用的思路。

8.8　结束语

将传统经济学中的市场均衡理论应用于云计算数据中心资源分配，是学科融合意义上的一次创新。Amdahl定律是并行计算的三大基本规律之一，将由Amdahl定律推导出的Karp-Flatt公式和市场均衡理论，应用到云计算数据中心的资源分配，是比较新颖的尝试，是历史思维、计算思维、数据思维、结构思维的综合体现。我们应该学习借鉴国内外最新成果，做出具有持久历史影响力的基础研究成果，或者做出具有千万级用户的具有强大现实影响力的产品[2]，并使两者相互促进。

思考题

8.1　在云计算中，如何定义公平？相应地，如何测度公平？

8.2　博弈论意义上的公平是否合理？与直觉意义上的公平有何区别？

参考文献

[1]　Karp A H, Flatt H P. Measuring parallel processor performance[J]. Commu-

nications of the ACM, 1990, 33(5): 539-543.

[2] Luis C, Mark D H, Tomas F W. 计算机体系结构2030: 未来15年的研究愿景[J]. 鄢贵海, 王颖, 刘宇航, 译. 中国计算机学会通讯, 2017, 15(7): 46-51.

Ⅳ　数据思维——基于数据角度的设计方法学

定量化是科学的一个关键特征。

9 数据结构若干概念辨析

9.1 引言

北京大学李晓明教授在2019年撰写的《关于数据结构教材中一种常见说法的商榷》[1]一文中提到“人们对数组、线性表、线性表的顺序存储实现(顺序表)、线性表的链接存储实现(链表)，还有Python中的列表，尤其是它们之间的关系，普遍觉得比较‘纠缠’，不好说清楚”。具体的背景是，李晓明教授在主持编写数据结构教材[2]时，发现数据结构和数据类型等概念难以区分，呼吁同行就相关的问题发表意见。由此想到两位图灵奖得主关于数据结构的论述[3-6]。

李晓明教授文中提到的问题，在大数据逐渐兴起、数据科学逐渐成形的今天更是非常重要。我国在程序设计领域，表现出实践强于理论的特点，很多学生会编程，可以让程序运行起来，但在程序设计原理理解的深度和清晰度方面还有很大的提升空间。

我国软件行业表面繁荣的背后，可能暗藏着危机。至少从两个方面可以看出危机：① 程序虽然能运行起来，程序的正确性、性能、存储开销、安全性等方面都需要程序设计者深入、清晰地理解程序设计原理。② 目前被大规模使用的程序设计语言的发明人中还没有中国人。Python语言是荷兰计算机程序员吉多·范罗苏姆(Guido van Rossum)发明的，Pascal语言是瑞士科学家尼古拉斯·沃思(Niklaus Wirth，下面的访谈嘉宾之一)发明的，Java语言是加拿大籍程序员詹姆斯·高斯林(James Gosling)发明的，C语言和C++语言的发明人都有在英美等国知名大学受教育的背景和经历。

本章对李晓明教授文中提到的问题展开一些讨论。两位图灵奖获得者约翰·霍普克罗夫特和尼古拉斯·沃思都撰写了各自的著作。本章在形式上运用“蒙太奇”的手法[7]，以讨论问题的方式进行，其中霍普克罗夫特和沃思的回答完全忠实于他们的著作[3]或对他们的访谈记录[7]，每一段均给出了准确的出处。

9.2　两位图灵奖得主简介

本书作者：下面我简要介绍一下今天接受访谈的两位嘉宾。

约翰·霍普克罗夫特，美国计算机科学家，1939年生于美国西雅图，1964年获美国斯坦福大学博士学位。曾获ACM图灵奖(1986)、IEEE冯·诺依曼奖(2010)、美国工程院西蒙雷曼奖创始人奖(2017)。现任美国康奈尔大学教授，美国科学院院士(2009)、美国工程院院士(1989)、美国艺术与科学院院士(1987)。曾任美国总统国家科学委员会成员(1992—1998)。2017年11月当选为中国科学院外籍院士，同年受聘为北京大学信息技术高等研究院名誉院长。现为北京大学讲席教授、图灵班指导委员会主任。

尼古拉斯·沃思，瑞士计算机科学家。1934年生于瑞士温特图尔。1958年从苏黎世联邦理工学院取得学士学位后进入加拿大莱维大学深造，之后于美国加州大学伯克利分校获得博士学位，并被聘任到斯坦福大学刚成立的计算机科学系工作，在斯坦福大学设计出Algol W以及PL360编程语言。1967年回到瑞士，第二年在苏黎世联邦理工学院设计与实现了Pascal语言——当时世界上最受欢迎的语言之一。沃思提出了“算法+数据结构=程序”这一著名公式，并以此作为其一本专著[3]的书名。沃思于1984年获得ACM图灵奖。

9.3　数据类型与数据结构的区别

本书作者：李晓明教授提出了一个很好的问题：哪些概念该算作数据类型，哪些该算作数据结构，应该怎样区分数据类型和数据结构？

霍普克罗夫特(文献[6]第17页)：数据类型、数据结构与抽象数据类型，虽然这三个术语听起来很相似，但是它们的含义是完全不同的。在程序设计语言中，一个变量的数据类型是指该变量所有可能的取值集合。例如，布尔类型的变量可能取值为True或False，而不能取其他值。数据结构是以某种方式联系在一起的一批变量，这些变量可能属于几种不同的数据类型。抽象数据类型是指一个数学模型以及在该模型上定义的一组操作。我们利用抽象数据类型来设计算法。但是要用一种程序设计语言实现算法，就必须利用语言本身提供的数据类型与操作找出一种表示抽象数据类型的方法。表示抽象数据类型的数学模型，需要用到数据结构。

本书作者：您提供了很清晰的回答，现在请沃思教授谈一下他的意见。

沃思(文献[4]第10页)：在数学中，习惯按照某些重要特性对变量进行分类。实数型、复数型与逻辑型变量之间，单个值、值的集合与集合的集合之间，函数、泛函与函数集合之间，诸如此类的东西是明显区分开来的。在数据处理中，分类的概念即使不是最重要的，至少也是同等重要的。我们将遵循这一原则：每一个常量、变量、表达式或函数均属于某一类型。这个类型本质地刻画了常量所属的、变量或表达式所能取的以及函数所能生成的值集合的特征。

9.4 对数据进行分类的意义

本书作者：您的表述与霍普克罗夫特所说的“在程序设计语言中，一个变量的数据类型是指该变量所有可能的取值集合”是一致的，而且提到了分类的思想。这里，能否请您谈一下，为什么要对数据进行分类?

沃思(文献[4]第10、11页)：分配给一个变量的存储容量必须根据该变量可能取值范围的大小来选择。倘若编译程序已知这一信息，就可避免所谓的动态存储分配。这通常是使一个算法高效实现的关键。

编译程序可以使用这些类型信息来检查各种结构的相容性和合法性。例如，不必执行程序即可发现把布尔(逻辑)值赋给算术(实数)变量的错误。程序正文中的这种冗余技术协助程序编制是极为有用的，这是高级语言优越于机器代码或符号汇编代码的地方。

9.5 如何看待抽象与具体

本书作者：能否编写高效率的代码，是区分程序员是否优秀的一个重要标志。程序员是人，人所能理解的数据与计算机所能“理解”的数据在形式上是不同的。也因为这种不同，有人认为计算机目前不能理解数据，甚至将来也很难做到。抽象是非常重要的，周以真教授认为抽象是计算思维的核心之一。抽象的能力，可能与现在所谓的智能甚至意识的产生都有关系。

沃思(文献[4]第37页)：在程序设计中，使用抽象的本质在于，根据有关抽象的规则即可辨认、理解和验证程序，而进一步了解这些抽象在具体计算机内的实现和表示是不必要的。

本书作者：虽然抽象比较重要，但对程序员来说，难道真的不需要了解这些抽象在具体计算机内的实现和表示吗?

沃思(文献[4]第37页)：一个合格的程序员，如果能对(像基本数据结构这样的)程序设计抽象基本概念的表示方法所使用的技术有所了解，还是很有帮助的。我们在这样的意义上说它是有帮助的：它可以使程序员在决定程序和数据设计时不仅仅根据结构的抽象性质，而且考虑到它们在具体机器上的实现和机器的具体能力及限制。

9.6 数据类型与数据结构的联系

本书作者：我记得还有问题要问霍普克罗夫特教授。您在访谈开始的时候提到，数据类型与数据结构的含义是完全不同的。我对完全不同有些疑问，也就是说，我想知道数据类型与数据结构两者之间的联系，以及哪些概念应该算作数据类型，哪些应该算作数据结构？

霍普克罗夫特(文献[6]第17页)：各种语言所规定的基本数据类型不尽相同。Pascal 语言中的基本数据类型为整型、实型、布尔型及字符型。在各种语言中，利用基本数据类型构造合成数据类型的法则也不一样。

本书作者：数据结构也就是您说的合成数据类型，所以从这里可以看到数据类型与数据结构两者之间的联系。那么，具体一点，数组是数据类型还是数据结构？

沃思(文献[4]第18页)：数组大概是最为人们熟知的数据结构，因为在包括 Fortran 和 Algol 60 在内的许多语言里，它是唯一明确使用的结构。数组是一种均匀结构，组成它的那些成分都属于同一类型，称为基类型。

沃思(文献[4]第188页)：数组、记录和集合是基本的数据结构。这些结构被称为是基本的，因为它们是构成更复杂结构的积木式元件，还因为在实际中它们出现最频繁。之所以定义数据类型，并随之规定哪些变量属于该类型，是为了一劳永逸地确定这些变量的取值范围及其存储模式。

本书作者：李晓明教授提出的另一个问题是，如何认识数组、线性表、线性表的顺序存储实现(顺序表)、线性表的链接存储实现(链表)之间表面上似乎比较纠缠的关系？

霍普克罗夫特(文献[6]第49页)：表是由类型相同的元素组成的序列，是一种抽象数据类型。我前面说过为了表示抽象数据类型的数学模型，需要用到数据结构，而数组和链表都是数据结构，也就是可以用来实现表的数据结构。

9.7 怎样学好计算机科学

本书作者：请问沃思教授，如果年轻人希望像您这样在计算机领域取得杰出成就，应该怎样做呢？

沃思(文献[7]第2页)：第一，学好基本的知识和理论；第二，一定要真正学懂它。

本书作者：沃思教授的答案看起来非常简单，实际上蕴含深意。我们很多人可能只做了第一步，在第二步上就做得不够深入彻底。需要理论联系实际，深思熟虑，不断实践，从实践到理论，从理论到实践，进行多次，自己的大脑才能较为深刻全面地掌握计算机科学的原理，最终达到炉火纯青的理论状态和得心应手的实践状态。这一过程，不是一蹴而就的，需要勤奋，也需要睿智的有悟性的头脑。

思考题

9.1 数据结构在编程中具有怎样的作用?

9.2 编程的效率与程序的效率之间是否存在矛盾？如果存在，怎样避免?

参考文献

[1] 李晓明. 关于数据结构教材中一种常见说法的商榷[J]. 中国计算机学会通讯, 2019, 15(4): 66-67.

[2] 李晓明. 数据与数据结构[M]. 上海: 华东师范大学出版社, 2019.

[3] Wirth N. Alogorithms+Data Structures=Programs[M]. Englewood: Prentice Hall, 1976.

[4] 沃思. 算法+数据结构=程序[M]. 曹德和, 刘椿年, 译. 北京: 科学出版社, 1984.

[5] Aho A V, Hopcropft J E, Ullman J D. Data Structure and Algorithms[M]. New Jersey: Addison Wesley, 1983.

[6] Aho A V, Hopcropft J E, Ullman J D. 数据结构与算法[M]. 唐守文, 宋俊京, 陈良, 等, 译. 北京: 科学出版社, 1987.

[7] 顾耀林. 与世界级大师面对面——图灵奖得主 N. Wirth 先生报告的深层次思考[J]. 计算机教育, 2004, 2: 16-17.

[8] 包云岗. 与新晋图灵奖得主的虚拟对话[J]. 中国计算机学会通讯, 2018, 14(4): 46-51.

10 数据科学的基本概念

10.1 引言

极限和概率是两个重要但不太容易理解的概念。微积分是建立在极限概念基础上的，信息论是建立在概率概念基础上的。可以设想如果没有微积分、信息论，现在的工程计算、通信等现代科学大厦将轰然倒塌，深度学习从理论上离不开极限和概率。

图灵于 1936 年发表的《论可计算数及其在判定性问题中的应用》奠定了计算机科学的基础，12 年后，香农于 1948 年发表的长篇论文《通信的一个数学理论》[1]开启了信息论的先河。香农熵的定义有公理化的推导，其形式具有唯一性，既然它建立在公理的基础上，它就具有合理性；既然它具有唯一性，它就具有必然性，结合起来，它的合理性和必然性构成了它的真理性，进而成为它旺盛生命力、持久影响力的内在根据。

本章将介绍数据的来源、数据间的相关关系与因果关系、大数据的类型、信息熵、从熵的角度看命题逻辑等内容。

10.2 数据的来源

每天来自商业、社会、科学和工程、医学以及日常生活方方面面的数千兆兆字节的数据注入我们的计算机网络、万维网和各种数据存储设备。可用数据的爆炸式增长是数字化的结果。世界范围的商业活动产生了巨大的数据量，科学和工程实践持续不断地从遥感、过程测量、科学实验、系统实施、工程观测和环境监测中产生数据，医疗行业由医疗记录、病人监护和医学图像产生大量数据，社会化媒体产生大量数字图像、视频等。

数据的爆炸式增长、广泛可用和巨大数量使得我们的时代成为真正的数据时代。在大数据分析与挖掘任务[2]中，相关关系的分析和研究受到广泛关注。事实上，这类研究从 1888 年 Galton 关注人类身高和前臂长度的关系开始，就已经引起人们的注意[3]。然而，从人类的思维方式看，人们并不仅仅满足于发现相关关系，而是在其基础上进一步探索因果关系。尽管因果关系的准确发现仍然困难，但人们可以通过设立假设、实验验证等反复尝试的手段探索这一难题[4]。

近年来大数据相关分析的应用成果不断涌现，如推荐系统[5]，基于相关系数给出用户相似性、物品相似性的度量[6]，进而进行产品推荐；更进一步说，相关系数是推荐系统的一类重要评价指标。例如文献[11]面向药物基因组大数据，基于协方差矩阵的稀疏建模与奇异值分解，探测与癌症相关的重要基因组。此外，大数据相关分析在灾害应急管理、医疗诊断等多个领域也有着广泛的应用。

10.3 数据之间的相关关系与因果关系

在数据科学领域，“相关关系”与“因果关系”之间的关系是研究的热点之一。李国杰院士和程学旗研究员分析指出[12]：“因果关系本质上是一种相互纠缠的相关性”，并进一步强调：“大数据的关联分析是否是‘知其然而不知其所以然’，其中可能包含深奥的哲理，不能贸然下结论。”因此，有效地发现与度量相关关系具有重要的研究价值。从科学层面来看，相关分析可以帮助人们高效地发现事物间的内在关联[4]；从应用层面来看，企业作为大数据应用的重要领域，其核心目标是实现利润的增长，因此，在数据分析与挖掘中的核心任务是探测何种经营策略与利润增长具有相关性。

1895 年 Pearson 提出了积矩相关系数，也称为皮尔逊相关系数。在长达 100 多年的时间里，相关分析得到了实践的检验，并广泛应用于机器学习、生物信息、信息检索、医学、经济学与社会统计学等众多领域。作为度量事物之间协同、关联关系的有效方法，大数据相关分析由于其计算简洁、高效，必将具有更强的生命力。但是由于其具有数据规模大、数据类型复杂、价值密度低等特征，如何找到有效且高效的相关分析计算方法与技术则成为大数据分析与挖掘任务中亟待解决的关键问题。

所谓相关关系，是指 2 个及以上变量取值之间在某种意义下所存在的规律性，其目的在于探寻数据里所隐藏的相关关系网。从统计学角度看，变量之间的关系大体可分为两种类型：函数关系和相关关系。一般情况下，数据很难满足严格的函数关系，而相关关系要求相对宽松。研究变量之间的相关关系主要从两个方向进行：一是相关分析，二是回归分析。

10.4 香农信息熵的公理化假设和推导

就大数据而言，数据关系往往呈现非线性等复杂特征。从现有研究进展来看，基于互信息的度量准则由于具有有效刻画非线性相关关系的优势而日益受到重视[13]。介绍互信息之前，需要先了解信息熵的概念。

信息是个很抽象的概念，人们常常说信息很多，或者信息较少，但却很难说清楚信息到底有多少。直到 1948 年香农提出了“信息熵”的概念，才解决了信息的量化度量问题。信息熵这个词是香农从热力学中借用过来的。热力学中的热熵是表示分子状态混乱程度的物理量。香农用信息熵的概念来描述信源的不确定度，第一次用数学语言阐明了概率与信息冗余度的关系。

举个例子，抛一枚正反面均匀的硬币和掷一个六面均匀的骰子，需要确定哪一种试验的不确定性更高。如何进行量化从而在数字层面上反映两个随机变量不确定性的大小关系呢？香农熵便解决了这一问题。一般而言，当一种信息出现概率更高的时候，表明它被传播得更广泛，或者说，被引用的程度更高。我们可以认为，从信息传播的角度来看，信息熵可以表示信息的价值。

对于一个离散型随机变量 $X \sim p(x)$，其信息熵可以定义为

$$H(X) = -\sum_{x \in X} p(x) \log_2 p(x)$$

下面用香农熵量化抛硬币和掷骰子实验。

设随机变量 X 为抛一枚均匀硬币的取值，其中正面朝上用 1 表示，反面朝上用 0 表示，于是有 $P\{X=0, 1\} = \frac{1}{2}$。由于 $X=0$ 和 $X=1$ 的概率相等，$H(X) = -\frac{1}{2}\log_2 \frac{1}{2} - \frac{1}{2}\log_2 \frac{1}{2} = 1$。设随机变量 Y 为掷一个六面均匀骰子的取值，其中 $Y=1, 2, \cdots, 6$，于是有 $P\{Y=1, 2, \cdots, 6\} = \frac{1}{6}$，$H(Y) = 6 \times \left(-\frac{1}{6}\log_2 \frac{1}{6}\right) = \log_2 6$。由上可知，$H(X) < H(Y)$，即掷骰子的不确定性大，把它理解清楚所需要的信息量也更大。下面简要介绍香农熵的公理化假设和推导过程。

假设一组可能的事件发生的概率是 $p_1, p_2, \cdots, p_n$，这些概率是已知的，但它们是关于哪个事件将要发生的概率？有更多的选择，就有更大的不确定性。香农提出的问题是：能否找到一个关于事件选择过程中有多少种选择（或者说关于结果不确定性）的测度？

如果存在这样一个测度，比如 $H(p_1, p_2, \cdots, p_n)$，它应满足以下性质：① H 应该是关于 p_i 连续的；② 如果所有的 p_i 是相等的，即 $p_i = 1/n$，那么 H 应该是关于 n 的单调增函数；③ 如果一个选择被分解为两个相继的选择，那么分解之前的 H 应该等于两个相继的选择对应的 H 值的加权和。

如图 10-1 所示，图 10-1(a) 中有 3 个概率：$p_1 = 1/2$，$p_2 = 1/3$，$p_3 = 1/6$；图 10-1(b) 中，我们首先在两个概率（均是 1/2）中选择，如果第二种情况发生了，则再做一次选择（概率分别是 2/3，1/3）。图 10-1(a) 和图 10-1(b) 在本质上是一样的，所以它们的熵也应该是一样的：

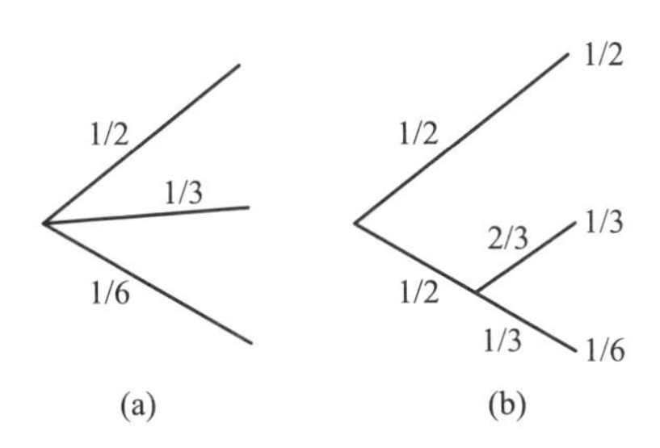

图 10-1 两种角度计算香农熵(示例)

$$H\left(\frac{1}{2},\ \frac{1}{3},\ \frac{1}{6}\right)=H\left(\frac{1}{2},\ \frac{1}{2}\right)+\frac{1}{2}H\left(\frac{2}{3},\ \frac{1}{3}\right)$$

$H\left(\frac{2}{3},\ \frac{1}{3}\right)$前面的系数是 1/2，这是因为第二次选择发生的概率为 1/2。

香农在他的论文[1]中推导了香农熵的定义式。为了帮助读者了解这一重要的证明，我们对香农的证明做了适度扩展，并给出较为详细的解释。

定理： 满足上述 3 个性质的 H 具有唯一形式 $H=-K\sum_{i=1}^{n}p_i\log p_i$，其中 K 为常数，且为正值。

证明： 设 $H\left(\frac{1}{n},\ \frac{1}{n},\ \cdots,\ \frac{1}{n}\right)=A(n)$。我们考虑两种情况：第一种情况是做一次选择，但是选择的范围很大，有 s^m 种选择，每一种选择的概率都是一样的(都是 $1/s^m$)；第二种情况是做 m 次选择，但是每次选择的范围较小，有 s 种选择，每一种选择的概率都是一样的。这两种情况在本质上是一样的。

第一种情况对应的是一层 $1/s^m$ 叉树，第二种情况对应的是 m 层 s 叉树，两棵树的叶子数量是一样的。根据香农熵的公理化性质 3，我们有

$$A(s^m)=mA(s)$$

类似地，

$$A(t^n)=nA(t)$$

可以选择一个任意大的 n，发现一个 m 来满足

$$s^m\leqslant t^n\leqslant s^{m+1}$$

两边取对数，然后除以 $n\log s$，有

$$\frac{m}{n}\leqslant\frac{\log t}{\log s}\leqslant\frac{m}{n}+\frac{1}{n}$$

或者说

$$\left|\frac{m}{n}-\frac{\log t}{\log s}\right|<\varepsilon$$

这里 ε 为无穷小。从 $A(n)$ 的单调性(公理化性质 2)来说，有

$$A(s^m) \leqslant A(t^n) \leqslant A(s^{m+1})$$

$$MA(s) \leqslant nA(t) \leqslant (m+1)A(s)$$

不等式各边同时除以 $nA(s)$，有

$$\frac{m}{n} \leqslant \frac{A(t)}{A(s)} \leqslant \frac{m}{n} + \frac{1}{n}$$

或者说

$$\left|\frac{m}{n} - \frac{A(t)}{A(s)}\right| < \varepsilon$$

$$\left|\frac{A(t)}{A(s)} - \frac{\log t}{\log s}\right| = \left|\left(\frac{m}{n} - \frac{\log t}{\log s}\right) - \left(\frac{m}{n} - \frac{A(t)}{A(s)}\right)\right|$$

$$\leqslant \left|\frac{m}{n} - \frac{\log t}{\log s}\right| + \left|\frac{m}{n} - \frac{A(t)}{A(s)}\right| < 2\varepsilon$$

所以

$$A(t) = K\log t$$

其中 K 必须为正数，以满足公理化性质 2。

现在考虑两种本质上一样的情况。第一种情况是做一次选择，选择的范围是 $\sum_{i=1}^{n} n_i$，每一种选择的概率是相等的；第二种情况是做两次选择，第一次有 n 种选择，概率分别是 p_1，p_2，…，p_n，其中 $p_i = \frac{n_i}{\sum_{i=1}^{n} n_i}$，第二次选择发生在第一次选择之后，如果第一次选择是第 i 种选择，那么第二次就有 n_i 种选择，这 n_i 种选择的概率是相等的。

根据公理化性质 3，上述两种情况的香农熵是相等的，即

$$K\log \sum_{i=1}^{n} n_i = H(p_1, p_2, \cdots, p_n) + K\sum_{i=1}^{n} p_i \log n_i$$

所以

$$H(p_1, p_2, \cdots, p_n) = K\log \sum_{i=1}^{n} n_i - K\sum_{i=1}^{n} p_i \log n_i$$

我们知道

$$\sum_{i=1}^{n} p_i = 1$$

所以

$$K\log \sum_{i=1}^{n} n_i = K\sum_{i=1}^{n} p_i \log \sum_{i=1}^{n} n_i$$

所以

$$H(p_1, p_2, \cdots, p_n)$$

$$= K\sum_{i=1}^{n} p_i \log \sum_{i=1}^{n} n_i - K\sum_{i=1}^{n} p_i \log n_i$$

$$= -K\sum_{i=1}^{n} p_i \log \frac{n_i}{\sum_{i=1}^{n} n_i}$$

$$= -K\sum_{i=1}^{n} p_i \log p_i$$

□

点评：这个证明非常精彩。在证明过程中，充分运用了香农熵的 3 个公理化性质。香农熵是对不确定性的度量，在证明的过程中涉及的两种情况，分别是古典概型和非古典概型。

古典概型也叫传统概率，是由法国数学家拉普拉斯(Laplace)提出的。如果一个随机试验所包含的单位事件是有限的，且每个单位事件发生的可能性均相等，则这个随机试验叫作拉普拉斯试验，这种条件下的概率模型就叫作古典概型。对于非古典概型，各种事件发生的概率(p_1，p_2，…，p_n)一般不完全相同，香农现在给出了对应的熵 $H(p_1, p_2, \cdots, p_n)$。

古典概型可以被视为非古典概型的边界情况或极限情况(p_1，p_2，…，p_n 均相等)。我们说微观态的数量越多，香农熵越大，这是从古典概型的角度来说的。设有 n 个微观态，这些微观态发生的概率是相等的(都是 $1/n$)，这时香农熵为 $-K\sum_{i=1}^{n} \frac{1}{n}\log\frac{1}{n}$，即 $K\log n$。

10.5 从熵的角度看命题逻辑

命题逻辑的词汇表包括变量符号和常量符号。变量符号可以用命题代入(替换，实例化)，因此称作命题变量；常量符号不能用命题代入，包括命题连接符和标点符号。命题连接符有与(∧)、或(∨)、非(¬)、蕴含(→)等，标点符号有左圆括号“(”和右圆括号“)”。

每一个命题变量是一个公式。假设 p 代表一个公式，那么 $\neg p$ 也是公式。假设 p_1 和 p_2 分别代表一个公式，那么 $p_1 \wedge p_2$、$p_1 \vee p_2$、$p_1 \to p_2$ 也都是公式。

命题逻辑的变换规则有两条：一是替换规则，二是分离规则。替换和分离是两大基本规则，是计算在符号变换意义下的依据。替换规则，表示对于含有命题变元的公式，可以将变量统一替换为其他公式而得到一个新的公式。我们在图灵 1936 年的论文中经常会看到“throughout”(遍及)这个词，表达的就是统一替换这个意思。

分离规则，表示对于 p_1，$p_1 \to p_2$ 这两个公式，我们能得到 p_2 这个公式。

分离规则是具有重要意义的：p_1 是前提，$p_1 \to p_2$ 建立了前提与结论之间的联系，于是结论 p_2 就成立了，从此岸 p_1 渡到了彼岸 p_2。计算的本质就是变换，就是从已知的此岸渡到未知的彼岸，达到解决问题的目的。

命题逻辑的公理有 4 个：（1）$p \vee p \to p$；（2）$p \to p \vee q$；（3）$p \vee q \to q \vee p$；（4）$(p \to q) \to ((r \vee p) \to (r \vee q))$。这 4 个看似简单的公式，作为公理，构成了衍生大量真理的源头。

例题：在第 3 章介绍排中律时，已经知道排中律、同一性、矛盾律三者形式不同但实质相同。试从命题逻辑的公理系统和推理规则出发，证明 $A \to A$，从而同时证明排中律和矛盾律。

解答：

要把 $A \to A$ 当成一个整体，注意它与$\neg A \vee A$ 等价。

要证明$\neg A \vee A$，观察 4 个公理，能直接使用的是公理 4，令 $z = \neg A$，$y = A$，有

$$(x \to A) \to (\neg A \vee x \to \neg A \vee A)$$

再令 $x = A \vee A$，所以

$$((A \vee A) \to A) \to (\neg A \vee (A \vee A) \to \neg A \vee A)$$

由公理 1，$A \vee A \to A$；再由推理规则，知$\neg A \vee (A \vee A) \to \neg A \vee A$。

由公理 2，$\neg A \vee A \vee A$，再由推理规则，知$\neg A \vee A$。 □

例题：试分析蕴含关系与因果关系的联系与区别。$X \to Y$ 是否表示“X 是引起结果 Y 的原因”？

解答：在数据分析中，相关关系和因果关系都是重要的关系，需要研究的是蕴含关系是否是相关关系，是否是因果关系。

如果 X 是一个假命题，无论 Y 是不是真命题，$X \to Y$ 都成立，这说明如果前提不正确，结论是否成立不影响整个推理的正确性。

如果 Y 是一个真命题，无论 X 是不是真命题，$X \to Y$ 都成立，这说明了如果结论正确，前提是否成立不影响整个推理的正确性。

蕴含关系强调“如果 X 成立，Y 不成立，那么整个公式 $X \to Y$ 就不成立”。X 与 Y 可以相关，可以有因果关系；也可以不相关[14]，没有因果关系。 □

思考题

10.1 相关关系与因果关系的联系和区别是什么？

10.2 数据科学是否有必要研究因果关系？如果有必要，如何开展研究？

参考文献

[1] Shannon C E. A mathematical theory of communication[J]. The Bell System

Technical Journal, 1948, 27: 379-423.

[2] Han J, Kamber M, Pei J. 数据挖掘：概念与技术[M]. 范明，孟小峰，译. 北京：机械工业出版社，2012.

[3] Galton F. Co-relations and their Measurement, chiefly from anthropometric data[J]. Proceedings of the Royal Society of London, 1888, 45: 135-145

[4] Mayer-Schonberger V, CuKier K. Big Data: A Revolution that Will Transform How We Live, Work and Think[M]. New York: Eamon Dolan/Houghton Mifflin Harcourt, 2013.

[5] Lu L Y, Medo M, Yeung C H, et al. Recommender systems[J]. Physics Reports, 2012, 519: 1-49.

[6] Linden G, Smith B, York J. Amazon.com recommendations: item-to-item collaborative filtering[J]. IEEE Internet Computing, 2003, 7(1): 76-80.

[7] Freyer D A, Hsieh Y H, Levin S R, et al. Google flu trends: correlation with emergency department influenza rates and crowding metrics[J]. Clinical Infectious Diseases, 2012, 54(4): 463-469.

[8] 奥兹德米尔. 深入浅出数据科学[M]. 张星辰，译. 北京：人民邮电出版社，2018.

[9] Rodgers L, Nicewander W A. Thirteen ways to look at the correlation coefficient[J]. The American Statistician, 1988, 42(1): 59-66.

[10] Fieller E C, Hartley H O, Pearson E S. Tests for rank correlation coefficients [J]. I. Biometrika, 1957, 44: 470-481.

[11] Fan J Q, Liu H. Statistical analysis of big data on pharmacogenomics[J]. Advanced Drug Delivery Reviews, 2013, 65(7): 987-1000.

[12] 李国杰，程学旗. 大数据研究：未来科技及经济社会发展的重大战略领域——大数据的研究现状与科学思考[J]. 中国科学院院刊，2012, 27(6): 647-657.

[13] Reshef D N, Reshef Y A, Finucane H K, et al. Detecting novel associations in large data sets[J]. Science, 2011, 334(6062): 1518-1524.

[14] Kullback S, Leibler R A. On information and sufficiency[J]. The Annals of Mathematical Statistics, 1951, 22(1): 79-86.

11 数据科学体系的基本维度

11.1 引言

随着科学和技术的发展，越来越多的可能蕴含巨大价值的数据在不断地产生，超出了现有系统的能力，反过来驱动新的基础科学理论的产生，一系列问题亟待通过建立数据科学来回答[1]。

但数据科学目前在全球范围内尚处于初级阶段[2]，本章在详尽调研现有大数据文献和大数据分析工具的基础上，以对立统一的思想为指导，归纳了大数据科学研究中需要把握的若干维度。这种新的方式不局限于已有大数据系统的经验，也不局限于对大数据局部特征的观察，而是以全局的统一的视角，给出数据科学最主要的思辨和研究对象。

大数据是近十几年提出的“新事物”，在学术界和产业界均得到重视并发展迅速，2008 年 9 月 4 日《自然》推出名为“大数据”的专刊。目前大数据仅仅在定义方面就有几十种之多。

大数据的特征，先后有 3V(容量大、类型多样、产生或处理的速度快)、4V(在 3V 基础上增加了数据的混杂性高特征)、5V(在 4V 基础上增加了价值特征)等模型，还有人在 5V 的基础上增加了“不追求因果关系，只识别数据存在中的模式”“大数据往往是数字交互活动的副产物”。这些特征是对大数据的局部观察，在清晰性、严格性、普适性等方面还需要深入研究。

大数据这种“新事物”在本质上新在哪里？与现有的学科体系是怎样的关系？还远远没有形成统一共识的理论体系。Berman 等认为数据科学还处于初级阶段[2]。大数据具有潜在的重要性，而且大数据的科学体系还没有建立，这两个因素合力的结果，使得大数据成为各国竞相争先占领的战略高地。

数据科学中蕴含着大量的矛盾和需要处理的关系，大与小，多与少，新与旧，低与高，快与慢，整体与部分，共性与个性，结构化与非结构化，诸如此类，都是矛盾和需要处理的关系。学术界需要一个关于数据科学的整体性和本质性的认知。

本章从辩证的角度在技术层面对大数据的定义、来源、特征、用途、动力等进行归纳和梳理，通过提出 22 对矛盾范畴来探析数据科学的维度。

(1) 给出了需要把握的对立统一范畴、新的认知方式，不局限于某一具体大数据系统的开发，也不局限于对大数据某些局部特征的观察，而是以数据科学全局统一的视角，给出主要的思辨和研究对象。

(2) 横向比较了从数据到智慧的金字塔模型、矿石冶炼的逐级提纯流程以及容量和延迟递减的存储层次模型的共同特点。

(3) 类比于三级宇宙速度，提出了第一感知能力、第二感知能力、第三感知能力来刻画大数据的用途和潜力。

(4) 给出了大数据的一个形式化定义，该定义包含了三个维度的参照物来刻画数据大或小的相对性，解释了学术界现有定义(如5V定义)不能解释的一些重要现象。

(5) 统一考察了学术界和产业界关于大数据的一些针锋相对的观点，如舍恩伯格和皮尔逊关于相关关系与因果关系的不同观点。

11.2 从22个维度看数据科学

所谓维度就是数学意义上的直线，具有两个方向。当向一方运动时，矛盾向一方转化；当向另一方运动时，矛盾向另一方转化。矛盾涉及两个对立方面，在两个对立的方面之间一般存在大量的中间状态。

11.2.1 维度①：数据与信息与知识与智慧

狭义的数据表示可传输的且可存储的计算机信息。数据是事实或观察的结果，是对客观事物的逻辑归纳，是用于表示客观事物的素材。

1984年，当时在普渡大学工作的黄铠教授(现就职于南加州大学与香港中文大学)在《计算机体系结构与并行处理》(*Computer Architecture and Parallel Processing*)一书中介绍了“数据、信息、知识、智慧”金字塔模型[6]。在这一模型的基础上，本章增加了三项：预测、洞察和智慧。

数据本身没有语义、更没有意识，经过复杂的处理之后，才依次变为信息、知识、预测、洞察和智慧。弗洛伊德认为“洞察就是变无意识为有意识”。如图11-1所示，数据分析类似于矿石冶炼，是一个逐步提纯、逐步浓缩的过程。值得注意的是，图11-1中的3个子图虽然来自不同的领域，但都是金字塔形状。对于人脑来说，能够同时考虑的信息是有限的；对于矿石冶炼来说，所要寻求的物质在原始矿石中的含量是极低的；对于计算机来说，处理器能短时间(比如1个时钟周期)内处理的数据是有限的。

大数据是指所涉及的数据量巨大以致无法通过人工或计算机在较短的时间内被处理成为人类所能解读的形式的信息。计算的目的在于变换，变换的本质在于“渡”，将数据从人不能解读的形式的此岸渡到人可解读的彼岸。我们发现图 11-1 中的 3 个子图均为金字塔的形状，对大数据来说，之所以是金字塔模型，是因为大数据一般具有价值平均密度较低的特点。这里需要注意的是，并不是价值密度总是比较低，有时价值密度分布极不均衡，这时存在着价值密度极高的局部少量数据。尽管平均价值密度比较低，但数据量比较大，大数据的总价值有可能比较大。我们发现，“元”这个可递归的重要概念在从数据、信息、知识直到智慧的逐级不断抽象的过程中具有重要作用。

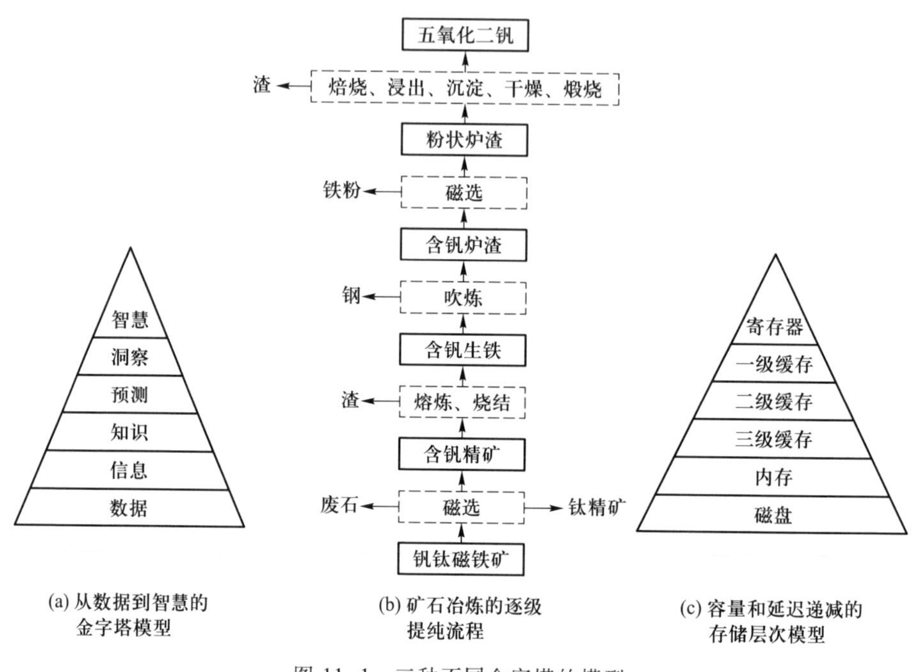

图 11-1　三种不同金字塔的模型

11.2.2　维度②：全数据与大数据与小数据

借助卫星、望远镜等工具，人类能够感知宏观世界；借助传感器和显微镜等工具，人类能够感知微观世界。通过大数据，人类在时间和空间上对世界有了更加深刻广泛的感知，延展了自己的视力、听力及记忆力等能力。这里，我们用物理学中的宇宙速度来作一个类比，从研究两个质点在万有引力作用下的运动规律出发，通常把飞行器达到环绕地球、脱离地球和飞出太阳系所需要的最小发射速度，分别称为第一宇宙速度、第二宇宙速度和第三宇宙速度。类似地，我们可以定义，随着对数据掌握的深刻性和广泛性增加，人类能够以递增的方式依次具备第一感知能力、第二感知能力和第三感知能力，在道德、伦理及法律的调节和规范下，逐渐实现自我解放和超越。

全数据（总体数据）是大数据在容量维度的上限。数据的大或小是相对的，数据大小的相对性表现在至少3个方面：

（1）数据的大或小，随着计算机系统的能力而变化。在总体数据很大时，随着传输、存储和处理能力的提高，相应的判定标准也会提高。类似地，单芯片多处理器核心的多或少也是相对的，随着通信、同步能力的提高，相应的判定标准也会提高。

（2）数据的大或小，随着数据生命周期中具体环节和具体场景中的收集难度而变化。在总体数据不是特别大但难以收集时，如果数据量已接近总体数据的容量，这时数据也可能是大数据，这时的难度可能不是在传输、存储和处理环节，而是在收集环节。

（3）数据的大或小，随着用户的体验要求而变化。用户对数据分析结果的体验，可通过结果的质量和结果呈现的延迟来衡量。对于同样的数据集和同样的系统，用户的体验要求越高，系统满足用户体验的可能性越低。

综合上述3个方面，下面给出大数据形式化的定义，并给出3个实例。

定义：对于数据集 D，$P(D, S, U)$为三元谓词：D 为用户 U 在系统 S 上的大数据，D 的生命周期历经采集、清洗、存储、访问、分析、共享、传输及可视化等 n 个环节（在不同场景下各环节的顺序可以根据需求变化），如果对于当前系统 S，至少存在一个环节 $i(i=1, 2, \cdots, n)$难以实施（如难以满足用户 U 的时限 T_i 要求），那么 D 被称为系统 S 上用户 U 的大数据，即 $P(D, S, U)=1$。设 $P_i(D, S, U)$为谓词：D 的生命周期的第 i 个环节在系统 S 上的时间 $T(D, i, S)$超过了用户 U 能够容忍的最高时限 T_i，则

$$P(D, S, U)=P_1(D, S, U) \vee P_2(D, S, U) \vee \cdots \vee P_n(D, S, U)$$

这里，

$$P_i(D, S, U)=(T(D, i, S) > T_i)$$

更进一步，数据集 D 生命周期的第 i 个环节在系统 S 上的时间 $T(D, i, S)$，等于该环节的数据量 W 与该环节处理速度 E 的比值，即 $T(D, i, S)=\frac{W(i, D)}{E(D, i, S)}$。$T(D, i, S) > T_i$ 为真，原因可以归结于负载 W 比较大（数据量比较大）、处理速度 E 比较小（数据类型多样、数据局部性较差、系统结构等因素，存储墙效应比较显著）以及 T 比较小（用户体验要求比较高）。

下面考察几个实例。

第一个例子，数据集 D 容量为100 TB，主要为非结构化数据，分析结果交付时间要求不超过10天。在系统 S_1（存储基于磁盘，软件基于Hadoop）上历经数据集 D 的生命周期需要30天。针对数据集 D 对系统 S_1 进行了改进，构建了系统 S_2（存储基于固态硬盘，软件基于Hive），然后历经数据集 D 的生命周期，运行需要8天。根据形式化定义，$P(D, S_1)=1$，$P(D, S_2)=0$，可见数据大或小的判据相对系统能力 S 而变化。

第二个例子，数据集 D_1 为 10 GB 的金融数据，在系统 S 上历经生命周期需要 1 小时，主要是分析时间。数据集 D_2 为 10 MB 的 40 000 多名运动员的成绩数据，但在同样的系统 S 上历经生命周期需要 1 周，其中分析时间只占不到 1%，其他主要是收集时间。根据形式化定义，$P(D_1, S)=0$，$P(D_2, S)=1$，可见数据大或小的判据相对生命周期中具体环节和具体场景而变化。

第三个例子，数据集 D 容量为 100 TB，为基因序列数据，在系统 S 上历经生命周期需要 100 小时，用户 U_1 和 U_2 要求的时限分别是 1 周(168 小时)和 1 天(24 小时)，根据形式化定义，$P(D_1, S, U_1)=0$，$P(D_2, S, U_2)=1$，同样的数据对 U_1 来说是小数据，对 U_2 来说是大数据，可见数据大或小的判据相对应用的用户体验要求而变化。

只关注重要的少数，还是在关注重要少数的同时也关注次要多数，是处理数据的两种不同方式。帕累托分布是以意大利经济学家帕累托命名的一个统计分布，它的首次发现是在社会财富领域，后来在许多自然科学和社会科学领域都发现了符合帕累托分布的现象，如城市规模、网络上使用 TCP 协议传输的文件大小、硬盘的错误率、砂砾和陨石的大小、油田的石油储量、分配给超级计算机的作业大小、森林火灾和地震等。帕累托分布推广之后就是幂律分布。

长尾理论除了关注头部对应的重点数据，还关注尾部，尾部数据的特点是单个数据的权重(概率)很小，但数据量大，可能会积少成多，甚至在总量上超过头部所占的份额。

小数据的产生一般是有意的、人工的，例如调查问卷的设计和回答都是人工完成的，开普勒归纳出行星运动三大定律所使用的天文数据是第谷 20 多年收集的。大数据的产生一般是无意的、自动的，大数据的来源是多样化的，包括传感器自动采集、计算机程序产生、人类在活动中无意留下的数据(如在搜索引擎中使用的搜索关键字、服务器运行的各种日志)等。有意的、人工的一般对应着自上而下，而无意的、自动的一般对应着自下而上。

11.2.3　维度③：第一世界与第二世界与第三世界

英国哲学家波普尔将世界划分为物理世界(第一世界)、精神世界(第二世界)和知识世界(亦称客观精神世界，第三世界)。大数据本身属于知识世界(第三世界)，但是它可以来源于三个世界：自然界、人类社会及人类思维这三个领域。

对自然界来说，数据的来源主要是实验仪器，相应地有科学大数据和物联网大数据。各类传统科学实验中的仪器所采集的数据，如基因组学、蛋白质学、天体物理学、气象学、海洋学等以数据为中心的学科在研究过程中，产生了大量的数据，称为科学大数据。欧洲大型强子对撞机(Large Hadron Collider, LHC)是现在世界上最大、能量最高的粒子加速器，我国的 500 m 口径球面射电望远镜(Five-hundred-meter Aperture Spherical radio Telescope, FAST)是现在世界上最大的望远镜，每秒钟均产生大量的数据。

对人类社会来说，人类活动过程主要包括生产和生活，会产生大量的数据。例如企业信息系统，是全球经济数字化的重要体现，企业信息系统中记录了大量的关于商品、客户、供应商等各种相互关联的信息，没有这些企业信息系统，企业是很难以现在的效率进行生产和销售的。全球最大的零售商沃尔玛公司，有几千家超市分布在世界各地，每天销售的商品有数亿件，相应的交易数据已达到千万亿次字节的量级并且继续增加。人类的社会生活中也产生大量的数据，包括社交网络大数据，例如社交软件产生了文字、图片、音频、视频等形式的数量大、种类多且不断链式逐级传播的数据。随着物联网的发展，大量的传感器被使用到汽车、智能手机等物理设备中，生成各种类型的数据，汽车、智能手机等物理设备在数量上与人口近似成正比，构成了物联网大数据的基础。

对人类思维来说，各个领域的文章、书籍以及乐谱、棋谱、菜谱、讲座等都以不同形式不断地创造数据，这些数据是人类思维的记录、凝练或升华。全部的数据，从认识论的角度，最终都要转化为人类思维数据，并服务于人类的决策。

11.2.4 维度④：相关关系与因果关系(连接主义与符号主义)

相关关系与因果关系是一对对立统一的矛盾。在大数据领域，对相关关系的研究已取得显著的进展[9]，但对因果关系的研究要少得多。相关分析能挖掘出数据中蕴含的重要关系，但是在可解释性上、可推广性上还有很多问题值得研究。1968年图灵奖获得者理查德·哈明认为计算的目的不在于获得数字，而在于洞察事物。洞察事物，需要发现其相关关系和因果关系。《科学》杂志将“怎样从海量生物数据中产生大的可视图片”作为最具有挑战性的科学问题之一[10]。舍恩伯格(Viktor Mayer Schonberger)提出大数据时代只需要相关关系，不需要因果关系[11]。但是2011年图灵奖得主、贝叶斯网络之父Judea Pearl认为因果推断可能是实现真正智能机器的必由之路[12]。

如果变量之间具有相随变动的关系，则称变量之间的关系为相关关系。相关关系不一定是因果关系[13]，但因果关系一定是相关关系。与相关关系和因果关系类似，连接主义和符号主义也是一对对立统一的矛盾。连接主义隐含着相关关系，符号主义隐含着因果关系。机器学习依次经历了连接主义、符号主义及连接主义的三次主要尝试，经历了否定之否定的螺旋式上升，只有第三次取得了成功。第三次尝试中的连接主义相对第一次尝试中的连接主义，在学习算法上更成熟，在计算能力上更强大。值得注意的是，上述否定之否定截至目前是不彻底的，也就是说，第三次尝试中的连接主义虽然否定了第二次尝试中的符号主义，但是没有充分吸收第二次尝试中符号主义的优势，可解释性不足，现在国内外学术界已开始注意到这一点，可解释性 AI 逐渐得到更多的重视。第三次尝试还没有结束，实现了可解释性 AI 之后，比较彻底的否定之否定才有可能实现。为了实现可解释性 AI，需要研究智能的本质和产生的条件是什么，如何使学习的过程可解释，在这之后还需要研究如何使人工智能代替越来越多的人的脑力劳动，等等。

11.2.5 维度⑤：可能性与必要性(可计算性与数据价值)

可能性与必要性是一对需要把握的关系。可能的，不一定是必要的；必要的，也不一定是可能的；需要重点研究的是既必要又可能的事物。对数据科学来说，就是要研究那些价值很大而且可计算的数据。时间和资源的有限性与数据量和问题解空间的庞大性，是大数据科学需要处理的一对基本矛盾。

时间是人类求解问题时需要考虑的一个基本因素，用户的体验与问题求解结果的返回时间密切相关。机器的资源无论怎样扩展都是有限的，可观测的宇宙中的原子数量约为 10^{80} 个[14]，但是很多问题的解空间非常庞大，例如普林斯顿高等研究院的研究人员使用一台戴尔 PowerEdge R280 服务器耗时 9 个月计算出围棋的合法组合数约为 2.08×10^{170}[15]，所以不可能通过穷举搜索的办法解决这一类问题。

为了避免穷举搜索，人类根据自己对问题的认识设计算法去求解。人类对问题的认识蕴含着大量的信息，这些信息往往可以将原始的解空间极大地缩小。钱学森教授[16]认为数学方法只是技术科学研究中的工具，不是真正关键的部分，技术科学工作中最主要的一点是对所研究问题的认识。创造的过程是：运用自然科学的规律为摸索道路的指南针，在资料的森林里，找出一条道路来。这条道路代表了我们对研究的问题的认识，对现象机理的了解。也正如在密林中找道路一样，道路决难顺利地一找就找到，中间很可能要被不对头的踪迹所误，引入迷途，常常要走回头路。这些论断是在计算机诞生 10 年的时候做出的，做这些工作的主体是“人脑”，现在需要把这些工作由计算机代替人脑去自动完成。

这一段论述对大数据分析同样适用，可以归纳为三层含义：人脑做创造性工作需要大量数据作为输入材料；人脑在获得输入数据之后通过探索像森林一样庞大的解空间来区分不同因素的主次；人脑在区分主次要素之后极大地缩小了解空间然后开始计算。

数据科学需要涉及可计算性和复杂性理论。P/NP 问题是哥德尔在 1956 年寄给冯·诺依曼的一封信中首次提出的[17]。能够很快验证一个解的有效性的一类问题，称为 NP 类问题；能够很快找到最优解的一类问题，称为 P 类问题。对于一个需要求解的问题，验证某一个解是否为这个问题的正确的解，要比获得这个问题的正确解容易。如果 NP=P，那么每个 NP 问题都存在对应的一个有效的解法，不仅可以验证给定解是否是问题的正确解，而且可以快速找到最优的解；但要注意的是，即使存在，也不等于已知。如果 NP≠P，那么没有一个 NP 类问题能被快速找到最优的解。

11.2.6 维度⑥：无穷与有穷(有限性与无限性)

在数学、逻辑学和物理中，无穷和有穷是一对基本矛盾，在大数据科学中也是如此。在谓词逻辑中，从量词的角度来看，无穷是一个挑战。量词(包括存在量词和全称量词)的引入导致逻辑演算系统从命题逻辑转变为谓词逻辑，性质发生巨大变化。比如要设计低熵云计算系统，我们不仅仅要考虑某一个具体的云计算系统，还要考虑全部可能的云计算系统。从命题逻辑演算系统到一阶谓词逻辑演算系统，正是因为增加了存在量词和全称量词以及后继操作，两个逻辑系统的性质出现了重大差别：命题逻辑演算系统是一致的、完备的，但演算能力有限，比如不能做加法运算；一阶谓词逻辑演算系统可以做加法运算，是一致的，但不是完备的，也就是有些命题在这个系统中不能被证真，也不能被证伪(这就是哥德尔不完备定理的主要内容)。

关于实无穷与潜无穷、可判定性与不可判定性，康托尔、哥德尔、图灵等人的成果具有重要意义。不完备性和不可判定性的概念与可计算性理论密切相关，也与数据科学密切相关。数据量能否无穷大，数据能否无限精确，数据随着容量的增加能否单调递增地产生价值收益，这些都是大数据科学中在“无穷与有穷”这个维度上需要研究的问题。

11.2.7 维度⑦：批量处理与流式处理

批量处理和流式处理是一对对立统一的处理数据的方式。连续与离散是微积分背后的基本矛盾，对应到数据科学中，集中体现为批量处理和流式处理。

批量处理侧重整体性、封闭性及并行性。批量处理是把所有待处理的数据累积起来组织成数据库或文件系统才进行处理。批量处理侧重于将数据集作为一个整体加以处理，而不是将其视作多条孤立的记录的集合。

流式处理侧重瞬时性、开放性及串行性。流式处理对随时进入系统的数据进行计算，不需要针对整个数据集进行计算。流式处理的数据集是没有界限的，随着时间的延续，数据可以逐步到达，没有完整数据集的概念，截至目前已经进入系统中的数据可能仅仅是全部数据的一部分，而且随着时间的推移，这个比例逐渐缩小。

批量处理和流式处理各有利弊。对于数据量大的情况来说，批量处理在吞吐率方面具有优势，但由于处理的数据量很大，处理时间长，对运行时间或者尾延迟有较高要求的应用如交互式应用，批量处理不是很合适。流式处理一次只处理一个数据项，花费时间短，但是由于每次只处理单个数据项，无法最大限度地并行处理数据项。

批量处理和流式处理可以结合使用，如 Spark 微批量处理，以亚秒级增量对流进行缓冲，随后这些缓冲会作为小规模的固定数据集进行批处理。这样既减少了时间上的开销，也可以利用批处理在数据分析上的优势。

11.2.8　维度⑧：静态与动态

静态和动态是一对对立统一的矛盾，可以从静态数据与动态数据、静态访存模式与动态访存模式这两个不同的角度去考察。

从静态数据与动态数据角度看，动态数据又称为事务数据，是不断更新的，随着时间的推移而异步更改。动态数据形成不断叠加的记录，新的记录不覆盖旧的记录，从而形成时间序列形式的数据集。静态数据是不变的或持久的，是不经常访问且不经常被修改的数据。从存储的角度看，由于静态数据基本不变或者很少改变，可以远程存储；动态数据由于经常改变，在附近存储更好。但静态和动态是一个相对的概念，静态数据不意味着一定不变，只是改变的频率较低；也不能表示动态数据一定改变。静态数据和动态数据可以相互转化。在一定情况下，如某个活动已经过时或者确认了最终版本，那么动态数据就会转化为静态数据。

从静态访存模式与动态访存模式的角度看，不同程序的访存模式一般不同，即使是同一个程序，其访存模式也会随着时间而变化。但是这种随着时间而发生的变化并不是绝对的，也就是说在一定尺度的时间段上，访存模式是不变的或变化很小，例如循环操作在某一轮循环上的访存模式一般是不变的，循环结束之后新的操作往往是新的访存模式。对访存模式的自适应能力是现代存储系统设计时的一个重要考虑因素。动态自适应需要用到控制论的知识，需要设计实现反馈机制。

11.2.9　维度⑨：第一范式与第二范式与第三范式与第四范式

关系数据库的创始人、图灵奖得主吉姆·格雷(Jim Gray)在 2007 年“科学方法的革命”的演讲中，将科学研究分为四类范式，依次是实验归纳、模型推演、仿真模拟和数据密集型科学发现，其中第四范式也就是现在我们所称的科学大数据。

需要指出的是，科学大数据只是大数据的一部分。鄂维南院士提出了数据科学的基本内容，他认为：“数据科学主要包括两个方面：用数据的方法研究科学和用科学的方法研究数据，前者包括生物信息学、天体信息学、数字地球等领域；后者包括统计学、机器学习、数据挖掘、数据库等领域，这些学科都是数据科学的重要组成部分，只有把它们有机地整合在一起，才能形成整个数据科学的全貌。”[18]

综合吉姆·格雷和鄂维南的观点，我们认为，用数据的方法研究科学就是科学数据，用科学的方法研究数据就是数据科学。

数据科学体系的一个维度是从第一范式到第四范式。人类的科学研究方法是逐步丰富发展的。第一阶段，人类的科学是经验性的，以描述自然现象为主，发展出实验科学，即第一范式，典型案例如天文学家第谷观察天体的运动，我国对天文、地震等自然现象的观察和记录有至少几千年的历史。

第二阶段，在过去200年左右，人类在实验科学的基础上产生了使用模型和归纳法的理论分支，科学家们开始利用模型归纳总结过去记录的现象，发展出理论科学，即第二范式，其典型案例如牛顿三大运动定律、麦克斯韦电磁方程组、爱因斯坦的狭义和广义相对论等。

第三阶段，在过去几十年，随着计算机的出现，诞生了计算科学，对复杂现象进行模拟仿真，推演出越来越复杂的现象，其典型案例如模拟核试验、天气预报及洋流模拟等。

第四阶段，在理论、实验和模拟的基础上，出现了数据科学。大量的数据源形成了海量数据，由计算机处理，期望产生信息、知识或更高层次有价值的衍生物。

从第一范式到第四范式是人类对科学认识的过程。最初人类只是观察自然现象，如天体运动、摩擦起火，实验环境的简陋造成了实验结果的不准确，一些严苛的实验条件也无法实现。于是科学家们通过建立模型简化问题，如假设平面是光滑的，由此产生了牛顿三大运动定律。而后来的相对论等现代物理理论更是建立在许多复杂的模型和理论知识上。随着电子计算机的产生，人们可以对科学实验进行模拟仿真，科学家对复杂实验的仿真进一步促进了对世界的认识。现在，随着数据量的爆炸式增长，科学家可以捕获仪器产生的数据或收集模拟器的模拟数据，并对这些数据进行分析。科学家们只需要分析数据，即使没有连贯的模型、统一的理论或者完整的解释，统计学也可以帮助找到传统科学无法发现的模式，数据之间的相关性取代了传统科学中的因果关系[5]，这使得人类对科学的探索进入新的阶段。

第四范式不是完全替代第一、二、三范式，而是与之协同、相互验证、优势互补。

11.2.10 维度⑩：精确性与混杂性

精确性和混杂性是一对对立统一的矛盾，精确性表示数据出现误差的概率小，混杂性则正好相反。第一范式的特点是追求精确，第四范式目前不追求精确性，但需要研究是否有必要追求精确性以及是否可能追求精确性。不可能获得精确性，并不意味着不必要获得精确性。

目前对于精确性和混杂性的一种比较普遍的看法是，小数据追求精确性，大数据接受混杂性[9]。这种观点需要进一步加以研究。

对于小数据而言，最重要的是减少误差，保证质量。因为收集的信息量比较少，所以必须确保记录下来的数据尽量精确。第一范式是实验科学，在实验过程中最重要的是实验结果的准确，如在物理实验中对于时间、位置的记录，在化学实验中对于各种试剂用量的记录，这些实验数据对实验结果的影响很大，因此要尽量保证数据的精确性[1]。

现在大数据不追求精确性，有时是因为不必要，有时是因为不可能。随着数据量的爆炸式增长，错误数据的数量也会增加，会加大数据总体的混杂程度。在很多情况下，只需要了解数据的发展趋势，小部分的数据错误对整体结论的影响并不大，所以对错误或异常的数据采取包容的态度可能是更好的选择。在很多情况下，获得大数据的精确性是不可能的，原因主要是客观条件、时间和成本的限制，大量数据的纠错花费的代价太高。

精确性与混杂性不是非此即彼的关系，两者之间存在很多的过渡态。大数据不追求严格的精确性，不意味着对数据质量不关注，数据分析包括了对数据的清洗。随着各种探测和采集设备、模拟器准确性的提高，大数据的精确程度可以获得改善。需要指出的是，断言不需要或者不可能追求大数据的精确性，是没有实际意义的。在断言之前，需要研究如何度量精确性和混杂性，如何确定实际场景问题求解或决策分析所要求的数据质量的最低限度。

11.2.11 维度⑪：结构化与非结构化

结构化与非结构化是一对对立统一的矛盾。结构化数据是指有固定模式的数据，通常以关系数据库中二维表的形式管理和组织。在结构化数据里，每个表的每一列都有明确的含义和格式。非结构化数据是指没有固定模式的数据，如图片、视频等。

NoSQL 的全称是 Not only SQL，表示非关系型数据库。关系型数据库的代表是 SQL Server，Mysql 和 Oracle，非关系型数据库的代表是 Redis，Memcache 和 MongoDb。

数据科学不仅关注结构化数据，还关注非结构化数据。

11.2.12 维度⑫：需求拉动与技术驱动

需求拉动和技术驱动是科学发展两种不同的动力，是一对对立统一的矛盾。需求分为刚性需求和改善性需求，技术分为共性技术和个性技术。所谓刚性需求，就是有关人类基本生活需要的需求，属于马斯洛需要层次理论中较低几个层次的需求。所谓个性技术，就是针对大数据而言的使能技术。大数据科学的发展需要重视刚性需求，例如健康、出行、安全等领域的需求。对应地，有大数据医疗、大数据交通、大数据消防以及大数据避震救灾等。

在摩尔定律和体系结构创新的共同驱动下，处理器芯片单位面积的计算能力在过去几十年中以指数的速度进步，计算能力的提升对大数据科学来说属于技术推动，而且属于共性技术的推动。互联网尤其是移动互联网在规模和速度等方面的进步，也是大数据科学赖以存在和发展的技术基础。

人们对大数据中蕴含的信息越来越重视。在商业领域，企业期望尽可能利用已知数据分析消费者意图，以求得利益最大化，如各种网站、应用程序的推荐系统。在科学领域，通过分析数据之间的相关性得出结论，省略了因果分析的步骤，提高了研究效率。在社会领域，大数据分析在疾病预防、灾害预测等方面都有着重要的作用。

在这一维度上，需要研究数据科学是以需求拉动为主，还是以技术驱动为主，更具体地，是以刚性需求拉动为主，还是以改善性需求拉动为主，是以共性技术驱动为主，还是以个性技术驱动为主。数据科学需要有自己的学科特色，需要具有相对其他学科的不可替代性，它不仅是对各关联学科重新规划和整合，还需要挖掘自身的个性技术，也就是专注于应对大数据挑战的技术，需要在满足刚性需求方面展现出不可替代性或独特优势。

11.2.13 维度⑬：慢与快(低性能与高性能)

速度的慢与快是一对对立统一的矛盾，数据从产生到处理的各个环节均存在这一对矛盾。在数据的产生上，有些大型仪器每秒钟就可以产生大量数据，而有些数据则需要经过问卷调查等烦琐的方法才能得到。在数据的处理上，超级计算机每秒钟可以处理百亿亿次的浮点运算，个人计算机每秒钟可以处理几十亿条指令，有很多个数量级的差别。超级计算机处理速度快，存储容量大，但需要特制的处理器、存储器、散热器，并且能耗高，占地面积大，对互连网络性能也有很高的要求。

处理速度较慢的个人计算机在处理大数据上也可以发挥作用。分布式计算系统可以实现具有数千个处理器的计算系统。典型的分布式计算形式是云计算，单个处理器可以位于不同的位置通过万维网络进行联系，这样的方法虽然没有提高单个处理器的计算速度，但是提高了整个计算系统的处理速度。

11.2.14 维度⑭：帕累托分布与长尾分布

仅关注重要少数，还是同时关注次要多数，是处理数据的两种不同方式。帕累托分布是以意大利经济学家帕累托命名，首次是应用在经济领域，后来在许多自然科学和社会科学领域都发现了符合帕累托分布的现象，如城市规模、互联网上使用TCP协议传输的文件大小、硬盘的错误率、砂砾和陨石的大小、油田的石油储量、分配给超级计算机的作业大小、森林火灾和地震等。帕累托分布推广之后就是幂律分布。

如图 11-2 所示，长尾理论除了关注头部对应的重点数据，还关注尾部对应的数据。尾部数据的特点是单个数据的权重(概率)很小，但数据量大，可能会积少成多，甚至在总量上超过头部所占的份额。

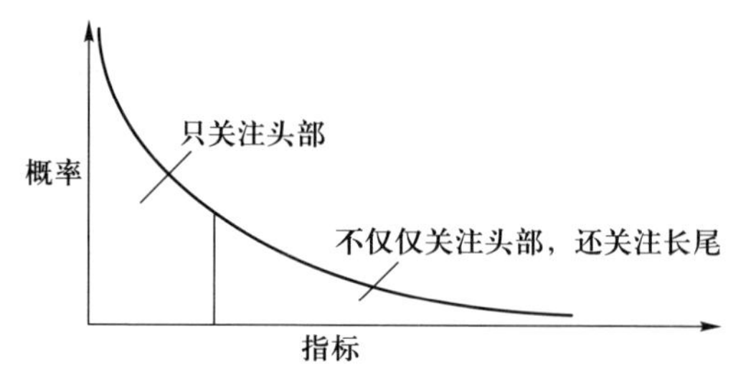

图 11-2　两种不同的处理数据方式

11.2.15　维度⑮：稀疏与稠密

稀疏和稠密是一对既对立又统一的矛盾。数据在空间中分布，相应地，就存在一个“场”，在空间中的每一点都对应一个数据。在空间中的任意一个区域，满足某种特征要求的数据点的数量可大可小，相应地，具有稀疏和稠密之分。稀疏矩阵和稠密矩阵是大数据科学中的重要数据结构。

稀疏和稠密是相对的，与指标的选取有关。如图 11-3，两个区域 A 和 B 均为单位圆，A 的平均密度 9 高于 B 的平均密度 7，就整体而言 A 比 B 稠密，但是在区域 B 内部数据点的分布较为集中，均分布在右半侧，可以认为右半侧的平均密度为 14。所以稠密和稀疏，从整体区域的平均密度和局部区域的平均密度会有不同的结论。

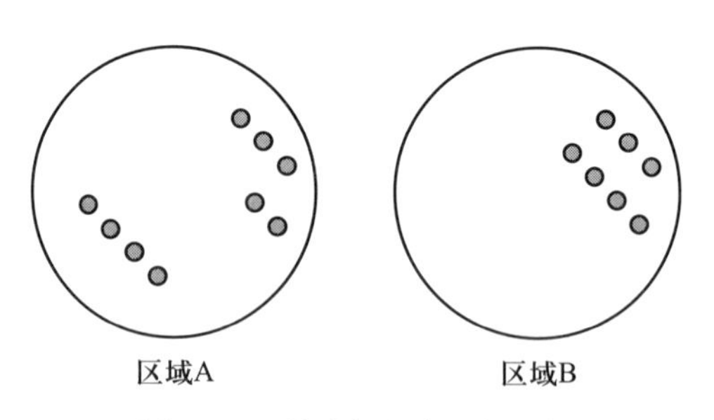

图 11-3　稀疏与稠密的相对性

11.2.16　维度⑯：人工与自动

英文 Computer 从字面上理解是计算的人或计算者，后来有计算器的意思，现在主要指计算机。Church[19]在对图灵论文的评述中写道："一个有纸、笔、橡皮擦，且严格遵循准则的人，实质上就是一台图灵机"。

小数据的产生一般是作为活动的主要或唯一目的，是有意的、主动的、人工的，例如调查问卷的设计和回答都是人工来完成的，开普勒归纳出行星运动三大定律使用的天文数据是第谷用20多年收集的。大数据的产生一般不是作为活动的主要目的，常常是伴随的副产物，是无意的、被动的、自动的，大数据的来源是多样化的，包括传感器自动采集、计算机程序产生、人类在活动中留下的数据（如在搜索引擎中使用的搜索关键字、服务器运行的各种日志），都体现了无意、自动的特点。

有意、人工一般对应着自上而下，无意、自动一般对应着自下而上。行政手段一般是自上而下的，而市场经济一般是自下而上的。数以亿计的群众是数据的创造者，也是数据的使用者。

11.2.17 维度⑰：局部与整体（测量与预测）

局部与整体是一对对立统一的矛盾。局部与整体之间的关系，集中体现为样本与总体之间的关系[11]。社会科学、心理学等学科过去经常依赖样本分析和调查问卷，实验或调查问卷的设计需要考虑是否有偏见。在统计学中，当样本的期望与总体的期望相等时，样本的均值被称为无偏估计。最优化问题涉及在什么样的范围内最优，局部最优未必全局最优。

测量是对事物过去和现有状态的观察和度量，预测是对事物未来状态的估计。因为是在时间域上的超前估计，预测值一般会与实际值之间存在误差，称为预测误差。由于测量方法、测量工具及测量环境等因素，测量值与实际值之间也存在误差，称为测量误差。

11.2.18 维度⑱：互补关系与替代关系

互补关系和替代关系是一对对立统一的矛盾。互补关系指两种商品共同满足一种需求，它们之间是相互补充的，例如，录音机和磁带就是这种互补关系。这种有互补关系的商品，当一种商品例如录音机价格上升时，对另一种商品例如磁带的需求就会减少，因为录音机价格上升，需求减少，对磁带的需求也会减少。反之，当一种商品价格下降时，对另一种商品的需求会增加。两种互补商品之间价格与需求呈反方向变动，经济学上称这两种商品互为互补品。

替代关系是指两种商品可以互相代替来满足同一种欲望。例如，牛肉和猪肉就是这种替代关系。当一种商品例如牛肉价格上升时，对另一种商品例如猪肉的需求就增加，因为牛肉价格上升，人们就会少消费牛肉而多消费猪肉；反之，当一种商品价格下降时，对另一种商品的需求就减少。两种替代商品之间价格与需求呈同方向变动。

在数据科学中，对数据中蕴含的互补关系和替代关系的挖掘是重要的研究内容；数据科学与其他科学之间的互补关系和替代关系也是重要的研究内容。

刚性需求与改善性需求也是一对对立统一的矛盾。不同需求在重要性和紧急性方面一般是不同的，雪中送炭、抗生素解决的是刚性需求，锦上添花、维生素解决的是改善性需求。数据科学要优先满足大众的健康、出行、金融、安全等刚性需求，要考虑多做不可或缺的“抗生素”，而不是只做“维生素”。

11.2.19 维度⑲：分布与集中(异步与同步)

分布与集中、异步与同步、去中心化与中心化，分别是既对立又统一的矛盾。分布式系统一般没有全局的时钟，没有缓存一致的共享存储视图；而集中式系统一般具有全局的时钟，具有缓存一致的共享存储视图。

由多个分布式的计算节点组成的网络，可以被认为是一台逻辑上集中式的计算机，从这个意义上，网络即计算机；一个计算机节点内部又是一个由多个部件构成的网络，从这个意义上，计算机即网络。这里需要提到分形(Fractal)的概念。1967 年美籍数学家曼德博(Mandelbrot)在《科学》杂志上发表了一篇关于统计自相似和分数维度的文章[20]。曼德博观察到，在没有参照物时，在空中拍摄的 100 km 长的海岸线与放大了的 10 km 长海岸线的两张照片看上去较为相似。事实上，具有自相似性的形态广泛存在于自然界中，如连绵的山川、飘浮的云朵、岩石的断裂口、粒子的布朗运动、树冠、花菜、大脑皮层，等等。曼德博把这些部分与整体以某种方式相似的形体称为分形。计算机节点互连构成了计算机网络，计算机节点内部本身是网络，这就是分形计算机或分形网络的概念。

相对于集中式系统，分布式系统趋于扁平化，可扩展性较好，容错性能较好，但是管理难度较大，尾延迟的不确定性较大。

11.2.20 维度⑳：第一经济与第二经济

人们所熟悉的物理经济被称为第一经济，基于服务器、交换机、路由器及其他互联网和电信设备之上的数字化以及运行在其上的经济活动，创造着自动化的且不可见的第二经济。第二经济是一个新概念，由美国经济学家、复杂性科学奠基人 Brian Arthur 于 2011 年提出[21]。大数据驱动第二经济，或者说大数据驱动数字经济。

数据是数字经济或者第二经济的新石油[22]。数字经济的核心在于信息化，而信息化的理论基础就是数据科学，所以数据科学是数字经济的灵魂。

信息化是由计算机与互联网尤其是移动互联网和智能手机等生产工具的革命所引起的工业经济转向信息经济的一种社会经济过程。具体说来，信息化包括信息技术的产业化、传统产业的信息化、基础设施的信息化、生活方式的信息化等内容。信息产业化与产业信息化，即信息的生产和应用是其中的关键。信息的生产要求发展一系列高新信息技术及产业，既涉及微电子产品、通信器材和设施、处理器芯片、网络设备的制造等领域，又涉及信息和数据的采集、处理、存储等领域。信息的应用主要表现在应用信息技术改造和提升农业、工业、服务业等传统产业上。

虚拟经济与实体经济、数字经济与物理经济，是既统一又对立的。数字经济不一定全部是虚拟经济，而是要融合于或依托于实体经济。“互联网+”的产出和呈现是数字化的，虚拟无形的，因此也被称为虚拟经济，但是和实体经济并不是对立的。例如，电商虽然通过虚拟平台下单，通过在线支付交易，诸多环节被虚拟化，但其并无法脱离传统商业和实体经济而单独存在。

11.2.21 维度㉑：历史与计算与数据与结构

作为本书的基本观点，未来10年计算机科学研究需要四种思维，即历史、计算、数据、结构对应的四种思维。历史思维注重对以往科学研究成果的考察、继承和发展，计算思维注重从计算的角度思考和解决现实世界中的问题，数据思维注重从数据的角度分析和发现未知的规律，结构思维注重以优化计算机系统内部组织与结构的方式提高计算处理和数据存取能力。

数据科学需要这四种思维来处理和把握多方面的矛盾关系。具体来说，通过历史思维处理过去与现在之间的对立统一关系，通过计算思维处理非计算方式与计算方式之间的对立统一关系，通过数据思维处理忽视数据的作用和存取与以数据为中心之间的对立统一关系，通过结构思维处理仅仅依靠摩尔定律增加硬件资源与优化硬件资源的组织结构之间的对立统一关系。

这四种思维分别有明确的侧重，但相互之间存在紧密的联系，是一个有机的整体。数据思维是数据科学在计算机科学研究者思维层面的集中体现。数据科学除了需要把握数据思维，还需要把握历史思维、计算思维、数据思维和结构思维这四种思维之间的关系。这四种思维两两对立，可形成6种不同的相关关系。

数据科学需要在全部学科构成的整体或全局中找到自己的定位，注意建立与其他学科方向比如计算科学(数值分析、高性能计算)、结构科学(计算机组成原理、计算机体系结构)、历史科学(计算机导论、计算机传统文献)之间的联系，并体现自身的不可替代性以及增量性贡献。

11.2.22 维度㉒：数据与元数据(具体与抽象)

元数据是描述数据的数据，是对数据的观察、分析和归纳。元数学是一种将数学作为人类意识和文化客体的科学思维或知识，即元数学是一种用来研究数学和数学哲学的数学。将元数据进一步递归，可以有元元数据，以此类推。

具体地，为了表示事物的运动规律，可以有速度、加速度、加加速度；为了表示事物的不确定性，可以有熵、超熵、超超熵；等等。李德毅院士据此提出了不确定性人工智能[23]。信息、知识、预测、洞察、智能、智慧是逐级递升的元数据。元(meta)这个可递归的重要概念从数据、信息、知识到智慧的逐级不断抽象过程中具有重要作用。

接下来我们讨论数据科学的兼容并包特征、赋能连接实例以及应对繁难策略。

11.3　数据科学的兼容并包特征

数据科学必须具有“兼容并包”的特点，不是否定、推翻、抛弃，而是兼容、延拓、扩展，体现在以下多个方面：

(1) 它不是只看一个来源的数据，而是容纳、整合多个来源的数据。

(2) 不是不再关注结构化数据，而是除了结构化数据，还关注非结构化数据。

(3) 不是不再关注精确性，而是除了精确性，还容许一定的混杂性。

(4) 不是否定排中律，而是把排中律视为特殊情形，在模糊逻辑的意义上认识问题。

(5) 不是不再关注因果关系，而是除了因果关系，还关注一般的相关关系；关联分析的结果不是最终结果，还要与因果分析结合。

(6) 不是不再关注小容量数据，而是除了小数据，还关注已经获取的或将来可能获取的大容量数据。

(7) 不是替代实体经济(第一经济)，而是支持实体经济并与之融合。

(8) 不是否定二八定律，而是除了关注重要少数的头部数据，也关注次要多数的非头部数据。

(9) 不是以2008年作为原点，把之前的历史与数据科学割裂开来，而是除了研究近十几年的大数据相关的科学和技术、理论和系统发展状况，还把近十几年的历史置入人类的进化史的广阔背景中去研究。

(10) 第四范式不是完全替代第一、二、三范式，而是与之协同、相互验证、优势互补；第四范式不应该封闭，如果封闭，可能把两个事件之间可能存在的关系误判。

(11) 不是与高性能计算、人工智能割裂或平行发展，而是把高性能计算、人工智能作为数据科学中有特定目标的细分领域(比如古斯塔夫森定律)，在基础理论和生态系统上三者将融合在一起。

(12) 不是统计学、计算机体系结构、计算理论等学科交叉部分的简单重组、混合相加，而是有着独特的学科风格、学科目标，具有本学科所独有的基础理论问题，具有本学科所独有的功能和不可替代的效用。

11.4　数据科学的赋能连接实例

大数据赋予传统行业以新的能力，可以用“大数据+”来表示。具体实例有：

- 大数据+交通；
- 大数据+医疗；
- 大数据+教育；
- 大数据+农业；
- 大数据+司法；
- 大数据+金融；
- 大数据+旅游；
- 大数据+政务；
- 大数据+制造业；
- 大数据+零售业；
- 大数据+地产业；
- 大数据+生物学。

11.5　数据科学的应对繁难策略

大数据的本质在于数据处理量大与算法复杂度高、时间要求高、可用资源有限之间的矛盾，应对这一矛盾主要有以下策略：

① 通过程序存储：同样的计算机体系结构，但应用程序是可变的，不同的应用程序对应不同的计算功能。

② 通过组合逻辑：虽然只给出了有限的几种情形的处理逻辑和组合规则，组合规则允许的组合有无穷多种。

③ 通过抽象推理：推理不同于计算，计算往往是具体的、特殊的，推理往往是一般的、普遍的。

④ 通过时间复用(并行性)：在同一时间，让很多事件同时发生，时间复用往往是以资源重复使用为基础，可以分为指令级并行、数据级并行以及线程级并行等。

⑤ 通过资源复用(局部性)：一次数据访问，被缓存到 Cache 部件中，然后被后续的多次访问复用，相当于多次访问复用了第一次访问的总线带宽和缓存容量等资源。

⑥ 通过区分重要性和紧急性进行优先化：根据不同用户任务重要性和紧

急性的不同，采用优先化的措施，在同样的资源上获得了比没有采取优先化措施时更高的服务质量。

⑦ 通过增加主频：在摩尔定律的驱动下，处理器的主频一直在增加，相应地，时钟周期为主频的倒数，因此越来越短。

⑧ 通过增加资源：摩尔定律使得单位面积芯片上可以容纳越来越多的硬件资源。

⑨ 通过提高能效：由动态电压和频率调节等低功耗技术提高能效，使得单位能量能够完成更多的计算操作。

⑩ 通过预执行或预存取：这是一种广义的时间复用，指令按程序计数器被执行时，是一种正常的顺序；如果在程序计数器到达之前被执行时，是一种提前计算或提前存取。

⑪ 通过应用或调用已有的定理或定律等科学知识：在数学、物理等学科的各个分支中已有大量经过严格证明的定理或定律，它们蕴含着精确性的真理性认识，直接应用这些知识可以避免很多曲折的探索过程。

⑫ 通过应用已有的经验、估算公式等经验知识：在工学学科的各个分支中已有大量的专家经验或估算公式，它们蕴含着近似性的真理性认识，直接应用或调用这些经验知识可以加速数据的分析挖掘过程。

进一步总结发现，上述应对“繁难”的方法具有重要的基础意义，比如方式①是现代通用计算机区别于古代、近代计算设备的本质标志；方式②是计算机的电路实现的基本原理；方式③是机器证明和自动推理的目标，现在计算机还不擅长；方式④是长期以来芯片性能增加（增加晶体管数量）和超级计算性能扩展（增加计算节点数量）的基本原理；方式⑤是存储层次结构和平均存储访问时间模型 AMAT 的原理；方式⑥是操作系统调度和标签化冯·诺依曼体系结构[24]的原理；方式⑦、⑧、⑨、⑩是计算机体系结构的重要技术；方式⑪是基础科学的发展模式；方式⑫是专家系统和迁移学习的原理。

11.6 相关工作

数据科学还处于初级阶段，大数据的科学体系还没有建立[2,3]。本章吸收和借鉴了钱学森《论技术科学》[16]中关于学科构成的一些重要思想。

传统的计算理论、数据挖掘、数据库、体系结构等学科没有专门考虑大数据的特点，不能直接构成数据科学体系。陈国良院士认为必须深入研究大数据本身给我们带来的一些科学问题，诸如它是一门科学吗，它有哪些关键问题值得研究等[25]。鄂维南院士提出了数据科学的基本内容，认为数据科学主要包括两个方面：用数据的方法研究科学和用科学的方法研究数据，前者包括生物信息学、天体信息学、数字地球等领域；后者包括统计学、机器学习、数据挖掘、数据库等领域，这些学科都是数据科学的重要组成部分，只有把它们有机地整合在一起，才能形成整个数据科学的全貌[18]。本章讨论的22个维度，聚焦于大数据本身的特点，强调数据科学是“数据的科学”而不是“数据与科学”，思考构建数据科学的体系。

11.7 结束语

数据科学的体系一旦建立起来将具有重要的理论意义和实用价值。因为待处理的数据对象具有特殊性，且对计算时间具有约束，在这两个方面的意义上，数据科学体系将构建一种新的可计算性理论，并指导大数据处理系统的研制。本章的22个维度提供了拟构建数据科学体系的着眼点，可以在这些维度上深入研究，也可以增加新的维度，并注意维度之间的正交化，期望有助于加速我国数据科学的研究，为我国数据科学的理论研究和工程应用提供参考。

思考题

11.1 大数据是否需要考虑因果性或因果关系？相关关系与因果关系之间存在哪些联系和区别？可解释性人工智能是否就是“因果推理+大数据”？

11.2 思考大数据的形式化定义，然后与本章所给的定义进行比较。

参考文献

[1] 李学龙，龚海刚. 大数据系统综述[J]. 中国科学：信息科学，2015，45：1-44.

[2] Berman F, Stodden V, Szalay A S, et al. Realizing the potential of data science[J]. Communications of the ACM, 2018, 61(4): 67-72.

[3] Berman F, Stodden V, Szalay A S, et al. 实现数据科学的潜能[J]. 刘宇航，译. 中国计算机学会通讯，2018，14(8)：90-96.

[4] von Neumann J. The Mathematician[M]. Chicago: University of Chicago Press, 1947: 180-196.

[5] 莫曰达. 中国古代统计思想史[M]. 北京：中国统计出版社，2004.

[6] Huang K, Briggs F A. Computer Architecture and Parallel Processing[M]. New York: McGraw Hill, 1984.

[7] 翁文波. 预测论基础[M]. 北京：石油工业出版社，1984.

[8] Kelly K. The Inevitable: Understanding the 12 Technological Forces that Will Shape Our Future[M]. New York: Penguin, 2016.

[9] Reshef D, Reshef Y, Finucane H K, et al. Detecting novel association in large data sets[J]. Science, 2011, 334: 1518-1524.

[10] Kennedy D, Norman C. What don't we know? [J]. Science, 2005, 309(5731): 75.

[11] Schnberger V M, Cukier K. Big Data: A Revolution that will Transform How We Live, Work, and Think[M]. London: John Murray, 2013.

[12] Pearl J, Mackenzie D. The Book of Why: The New Science of Cause and Effect[M]. New York: Hachette Book Group, 2018.

[13] Wikipedia about "Correlation does not imply causation".

[14] Wikipedia about "Observable universe".

[15] Tromp J. The Number of Legal Go Positions[C]//International Conference on Computers and Games. Leiden, Springer International Publishing, 2016.

[16] 钱学森. 论技术科学[J]. 科学通报, 1957, 8(3): 511-519.

[17] Fortnow L. The Golden Ticket: P, NP, and the Search for the Impossible [M]. Princeton: Princeton University Press, 2013.

[18] 鄂维南. 数据科学的基本内容[J]. 中国计算机学会通讯, 2017, 13(8): 45-48.

[19] Church A. Comments on "On computable Numbers, with an Application to the Entscheidungsproblem"[J]. The Journal of Symbolic Logic, 1937, 2(1): 42-43.

[20] Mandelbrot B B. How Long is the coast of Britain? Statistical self-similarity and fractional dimension[J]. Science, 1967, 156(3775): 636-638.

[21] Arthur W B, Quarterly M K. The second economy[EB/OL].

[22] Kalil T. Big Data is a Big Deal [EB/OL].

[23] 李德毅, 刘常昱, 杜鹢. 不确定性人工智能[J]. 软件学报, 2004, 15(11): 1583-1594.

[24] Ma J Y, Sui X F, Sun N H, et al. Supporting Differentiated Services in Computers via Programmable Architecture for Resourcing-on-Demand (PARD) [C]//Proceedings of the Twentieth International Conference on Architectural Support for Programming Languages and Operating Systems (ASPLOS). ACM, Istanbul, 2015: 131-143.

[25] 陈国良, 毛睿, 陆克中, 等. 大数据计算理论基础[M]. 北京: 高等教育出版社, 2017.

V　结构思维——基于结构角度的设计方法学

结构决定性质，性质决定用途。

12 计算机体系结构的设计方法

12.1 引言

计算机体系结构的设计上承应用需求，下接物理工艺。计算机体系结构设计需要适应应用需求和物理工艺的变化。首先，从应用需求角度，一方面，在传统商用领域，大多数的并行软件依照的是共享存储编程模型，即所有处理器访问同一物理地址空间；另一方面，从现状和发展趋势看，更加多样的应用和更低门槛的广大用户，对计算机系统的易用性、可编程性提出了更高的要求，硬件对系统级程序员和应用级程序员提供的系统映像就成为备受关注的系统设计目标。这正是共享存储系统相对于消息传递系统的核心优势。从这个角度看，研究可扩展共享存储结构具有更加重要的意义。其次，从物理工艺角度看，当前在多核 CPU 的背景下，目前及未来工艺技术的提高使得构建大规模共享存储系统的难度降低，系统规模扩展对高速缓存一致的性能要求将更高，同时对系统中互连网络、目录等结构也提出了更高的要求。

成立于 1968 年的 Intel 于 1971 年推出了全球第一个微处理器，创始人之一戈登·摩尔于 1965 年发表了影响科技业至今的摩尔定律。长期以来，微电子向纳电子发展的半导体技术、封装技术、处理器体系结构的革新如流水线、超标量、动态调度、乱序执行等促成了摩尔定律的成立。指令级并行的边际效应、片上线延迟及功耗成为限制单核微处理器性能发展的三个基本因素，而片上多核成为延续摩尔定律的主要方式。

12.2 度是事物保持其质的量的限度

如果以历史的、辩证的眼光去审视技术，就会发现没有绝对有用或无用的技术。设计一个计算机系统，要把握这个计算机系统的功能、性能，要注意质变和量变这两方面。有一些往常认为的所谓贬义词从“度”的角度来看，未必一定是贬义，还可能是褒义。所谓“度”，即事物保持其质的量的限度。

我们通过几个例子，说明辩证思考的重要性。第一个例子，比如过度的节俭就是吝啬，过度的精益求精就是完美主义。

第二个例子，愚不可及这个词并不总是通常的贬义，它把握了智与愚之间的度。孔子称赞宁武子：“宁武子邦有道则知，邦无道则愚；其知可及也，其愚不可及也。”又如曹操称赞荀彧的侄子荀攸提到“愚不可及”（太祖每称曰：“公达外愚内智，外怯内勇，外弱内强，不伐善，无施劳，智可及，愚不可及，虽颜子、宁武不能过也。”）。

第三个例子是雕虫小技这个词，它把握了宏观与细节之间的度，大量的民俗工艺正是在辈辈相传的雕虫小技的基础上不断发展的。

第四个例子是形而上学这个词，它把握了抽象与具体之间的度。《周易》中有“形而上者谓之道，形而下者谓之器”的说法。符号化、形式化、数学化（尤其是公理化）是形而上，鲜明特征是抽象、一般化。极端的形而上，易陷入孤立、静止的思维方式。

从上面这些例子中，我们可以看到“设计”是一个复杂的决策过程，需要在时间、空间、应用场景等多角度审视和权衡。

12.3 体系结构设计的两对基本矛盾

处理器核内、处理器片内核间、处理器片间、多片处理器组成的节点之间等多个并行层次和 CPU、GPU、FPGA 等多种特点的计算设施，为新型体系结构的设计提供了机遇[1]。与此同时，艺术性和工程性、定性和定量是异构体系结构构思与权衡的两对基本矛盾。

艺术性是指计算机体系结构的设计较多地取决于设计者基于灵感和直觉的构思，具有较高的灵活性，但通常无确切的线索可寻，有一定的随意性。工程性是指确定在已有工艺条件下结构可行之后即按规程设计，而不去在更大的设计空间和更高的设计层次上考虑新型的体系结构。定量方面是指结构参数的具体取值，定性方面是指结构在参数取值上使结构的性质发生跃变的点。通过模拟和仿真，设计者可以进行参数的选择，模拟和仿真[3,4]是建立在构思的基础上的。

体系结构由多个维度的结构参数定义，每一个维度的参数都存在对立统一的范畴，参数的取值存在从无到有、从少到多的范围，参数的组合对应着性质各异的结构。本章通过对立统一的观点审视体系结构设计中的一些基本范畴，考察它们如何相克相生和相辅相成。

12.4 加速的意义与本质

1967 年费林（Flynn）发表了《超高速计算系统》[5]一文，提出了著名的 Flynn 分类法，将计算机分为四类：单指令流-单数据流（SISD）、单指令流-多数据流（SIMD）、多指令流-单数据流（MISD）以及多指令流-多数据流（MIMD），这里的流是指程序在执行过程中呈现给机器的数据序列或指令序列。

计算的本质是一个指令序列施加到一个数据集上的过程。对原始的图灵机来说，数据元素是一个比特位，指令同时只能操作一个比特位，因此这是最严格意义上的SISD。

计算机系统的设计，本质上是围绕功能和性能这两个基本方面展开的。怎样提高计算机的性能，或者说，怎样缩短程序执行的时间，我们认为，最根本的方法是复用时间（对时间做除法）或缩短时间（对时间做减法），具体来说有两种办法：

（1）利用并行性，就是让多个活动或操作在多个部件上同时发生，让时间重叠，原来需要的时间为T，并行后需要的时间为T/n（n为并行度），性能的提高是通过对时间做除法实现的。

（2）利用局部性，就是让一部分活动或操作在加速器上执行，这样的加速器包括专用运算加速器，处理器的操作在专用运算加速器上执行一次就是一次加速；也包括高速缓存，处理器访问的数据在高速缓存被命中一次就是一次加速，性能的提高是对时间做减法实现的。

根据上面的解析，我们可以提出计算局部性和访存局部性的概念。需要指出的是，并发性和并行性是两个不同的概念，并发性是指多个活动或操作在同一时间段内发生，并行性和局部性都隶属于并发性。

局部性又可分为时间局部性和空间局部性。对访存活动来说，时间局部性是指同一个数据如果刚刚被访问过，那么接下来很有可能被再次访问。空间局部性是指一个数据如果刚刚被访问过，那么接下来它的邻居数据很有可能被访问。对计算活动来说，时间局部性是指同一个运算操作如果刚刚被执行，那么在接下来很有可能被再次执行。空间局部性是指一个运算操作如果刚刚被执行过，那么接下来它的邻居运算操作（上一周期紧接着被执行的操作）很有可能被执行。

例题：局部性与并发性之间是怎样的关系？

解答：这是一个非常重要但容易被忽视的问题。表面上看，局部性与并发性似乎是两个不同的事物，互相独立。实际上，局部性是并发性的特例。可以从两者的定义上来论证这一点。我们将"高速缓存中的数据被命中一次"视为一个活动或操作，局部性就满足了并发性的定义形式，实际上是其特例。

例题：试分析：（1）时间局部性与并发性之间是何关系？（2）空间局部性与并发性之间是何关系？（3）局部性是并发性的特例，所以局部性与并发性不是互斥的关系，如果希望得到互斥的两个加速方式，应该怎样处理？

解答：在一段时间内，同一数据被访问多次，这是时间局部性。我们将

“高速缓存中的同一数据被命中一次”视为一个活动或操作，时间局部性就满足了并发性的定义形式，实际上是其特例。

在一段时间内，一个数据和它的临近数据都被访问，这是空间局部性。我们将“高速缓存中的相临近区域中的数据被命中一次”视为一个活动或操作，空间局部性就满足了并发性的定义形式，实际上是其特例。

点评：从以上可以看出，局部性可以归结为并发性，所以加速从根本上要依靠并发。

如果将非局部性所贡献的并发性单独定义，那么就得到并行性。并行性与局部性是互斥关系，并行性是并发性的特例。

12.5 体系结构设计的目标

体系结构设计的实质是为达成某一静态或动态的目标，在一定的条件和约束下，在设计空间中所采取的结构组织上的构思。因此，计算机系统结构设计的 3 个要素是设计目标、设计约束和设计结构的构思。

设计目标主要包括功能、性能、功耗、可靠性以及可编程性；设计约束即边界条件，与拟设计的计算机所面向的应用领域有关，包括工艺、材料、能耗、面积、晶体管数量、封装技术以及成本限制等；设计结构的构思指体系结构的创意设计。接下来首先分析设计目标上的对立统一，然后分析设计约束上的对立统一。在设计目标上，从体系结构的角度存在着功能、性能的对立统一，从程序设计者和用户的角度则存在着可编程性和性能的对立统一。

12.5.1 功能和性能

功能的增加一般意味着集成电路面积和器件数量的增加，进而是功耗的增加和器件失效概率的增加。性能的增加，意味着功耗的增加和高频、高速信号的增多，进而是可靠性的降低。在一定的功耗限制内，需要在功能完备和性能高端之间做出权衡。体系结构的设计者需要对多个设计目标进行分析，在设计流程中取舍。

12.5.2 可编程性和性能

共享存储体系结构相对其他结构的优势是能提供多处理器之间的隐式通信，从而具有较好的可编程性。因为同一共享对象可能在多个处理器的私有高速缓存中存在副本，且可能对任一副本发生写操作，高速缓存一致就成为体系结构设计者必须解决的关键问题之一。维护高速缓存一致将引发一定的消息流量，且高速缓存缺失的来源也从 3 种增加到 4 种，如图 12-1 所示，从而造成一定的性能损失。因此，可编程性和性能构成一对需要权衡的矛盾。

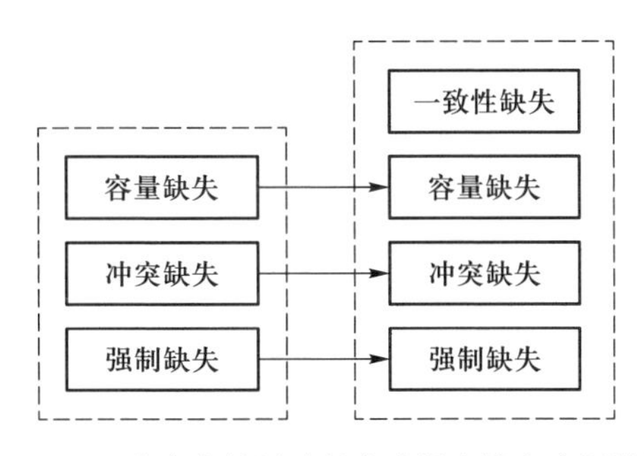

图 12-1 共享存储导致的高速缓存缺失来源增加

12.6 应用对体系结构的需求

应用、操作系统和编译器、体系结构、电路与工艺以一种层次关系构成了整个计算机系统。计算机是为应用服务的，所以计算机体系结构的价值体现在完成应用的能力。计算机应用的种类是海量的，且具体需求呈现动态变化和增长的趋势。

与应用的多样性相对应，底层的体系结构也有“多样性”以实现较好的匹配。体系结构的多样性可以有多种候选形式：一是上述通用处理器通过功能部件的闲置来实现，二是芯片级采用异构多核处理器，三是系统级采用多核 CPU、GPU 以及 FPGA 等。

12.7 体系结构设计的方法归纳

思想和方法是构思中的两个层次，思想是构思的出发点，方法是构思的落脚点。图 12-2 为基于多核 CPU 的体系结构设计在思想层面的考虑维度，数学空间和物理空间相互联系又有区别；构思需要知识，还需要洞察，计算机体系结构的设计要把握指令和数据的关系；对于性能、功耗以及面积的协调，需要处理时间和空间之间的关系，处理物质、信息和能量之间的关系。

图 12-3 为基于多核 CPU 的体系结构设计在方法层面的考虑维度，包括多种因素的对立统一。

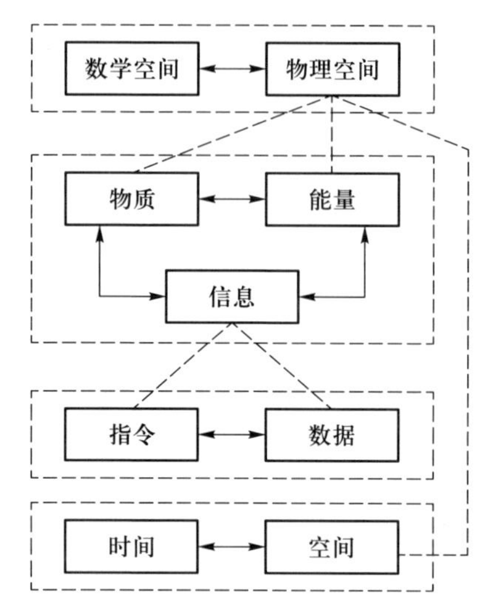

图 12-2　体系结构设计在思想层面的考虑维度

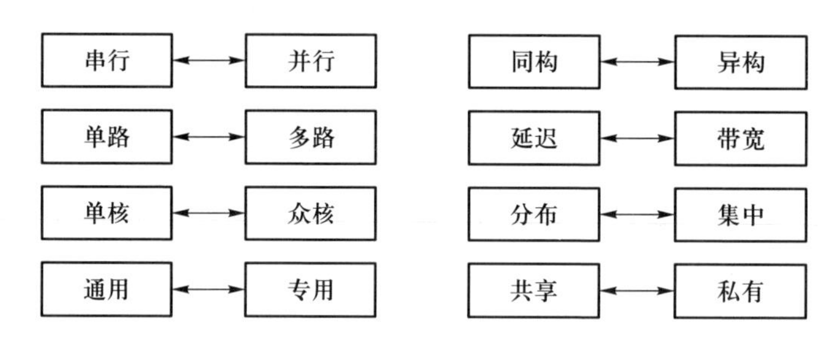

图 12-3　体系结构设计在方法层面的考虑维度

12.8　体系结构设计思想层面的考虑维度

12.8.1　知识和洞察

在计算机系统结构的构思设计中，知识是进行加工的必要材料，除了知识之外还需要洞察。洞察是在众多信息中发现机遇的过程，是对结构进行创意设计的灵感源泉。整体大于部分之和。设计的部件往往相同的，这些部件一旦按照某种体系结构组织为系统，就呈现出一种一经分解为独立组分便不复存在的特征，称为整体涌现性。从这个意义上讲，洞察决定着结构，结构决定着性质。

12.8.2 指令和数据

计算机系统本质上由计算、存储和通信三个基本部分组成。通信是从一点到另外一点的复制，计算是从一点到另外一点的变换，存储是数据在某一点的等待被用。访存隶属通信，存储系统的设计本质是解决数据从存储点到计算单元之间的通信问题。内存访问延迟每年平均有7%的改善，单核处理器的性能，1980—1986年平均每年提高25%，之后，2000年之前每年平均提高52%，2005年以前每年平均提高约20%，2005—2010年几乎没有变化[6]。由于处理器计算能力与存储能力的差距越来越大，计算机体系结构已从以计算部件为中心转向以存储系统为中心，如表12-1[7]，进一步说是以高速缓存为中心。高速缓存的作用是通过减少对访问延迟较大的内存的访问来提高性能，它只具有性能意义，而不具有功能意义，也就说如果没有高速缓存，计算机依旧能够正确执行程序，只是性能可能较差。

表12-1 多核CPU片上Cache占用面积和晶体管比例

CPU名称	片上Cache占用的面积比例/%	片上Cache占用的晶体管比例/%
Alpha 21164	37	77
Strong ARM SA110	61	94
Pentium Pro	64	88
龙芯3A	31	80

12.8.3 时间和空间

时间是一维的，具有单向性；物理空间是三维的，具有客观实在性。计算机所处理的对象是在人类可感知的四维时空中不断演变的，即三维空间中的事物随一维时间而连续演变。性能定义为程序执行时间的倒数，用户体验、服务质量等均与时间有关。并行的出发点是相对串行缩短时间，其本质是将处于关键路径上的指令或任务重叠执行。芯片的面积、晶体管数量、主板的材料、布线层数等属于空间范畴，空间上的重复如多个流水线、多核、多CPU芯片、多节点等也是并行性的基础，即通过空间重复实现时间重叠。

12.8.4 物质、信息和能量

体系结构的设计要把握物质、信息和能量的对立统一。计算机中的指令流和数据流是信息的输入、加工和输出的过程。计算可以看作程序对数据的加工过程，存储是指信息在时间上的传递，通信是指信息在空间上的传递。计算机是物质的，与材料、电气工程有较密切的关系，例如芯片工艺中具有高介电常数的介质可以使漏电电流下降到10%以下，对信号完整性和能耗都有影响。处理信息时需要耗费电能，降低能耗是从低端计算机到超级计算机都必须关注的目标。

12.9 体系结构设计方法层面的考虑维度

12.9.1 串行和并行

从功能的角度看，串行即可求解问题；但是从性能的角度看，并行是提高性能的基本方法。各个层次上的并行性是体系结构设计的核心。如图 12-4 中的第 1 列，从应用的角度看，存在两种级别的并行性，一是数据级并行(Data-Level Parallelism，DLP)，即应用中存在可以同时操作的多个数据，二是任务级并行(Task-Level Parallelism，TLP)，即应用中存在可以并行的多个任务。

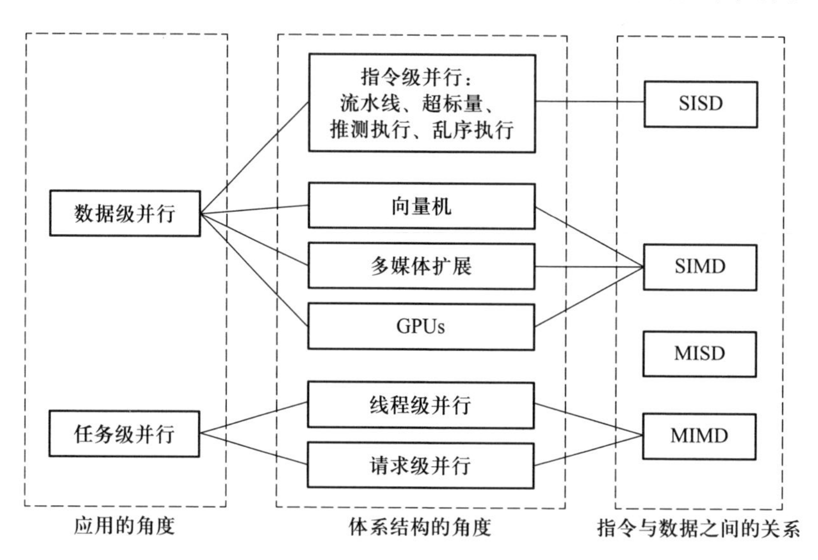

图 12-4 从不同的角度考察并行性

从计算机体系结构的角度，也存在多种形式的并行性，如图 12-4 中的第 2 列。首先分析指令级并行(Instruction-Level Parallelism，ILP)：① 指令流水通过时间重叠实现指令间的并行；② 多发射通过空间重复实现指令间的并行；③ 动态调度和寄存器重命名允许指令间乱序执行，可进一步挖掘指令间潜在的可重叠性。需要指出的是，从体系结构角度看的指令级并行对应的是从应用角度看的数据级并行。其次，向量机、多媒体扩展(MMX)和 GPUs(Graphic Processor Units)对应的也是从应用角度看的数据级并行。再次，线程级并行

(Thread-Level Parallelism, TLP)将多个线程并行执行并允许相互通信和同步，对应的是从应用角度看的任务级并行。最后，请求级并行(Request-Level Parallelism, RLP)对应于从应用角度看的任务级并行。这些请求之间一般具有较好的独立性，是云计算仓库级计算机(Warehouse Scale Computer, WSC)中常见的并行形式。

上述分析说明了并行相对串行对性能提高的作用，但是并行相对串行并不总是优越的，下面结合串行总线技术进行分析。总线的带宽是单位时钟周期内传输的数据位数，即数据位宽和总线时钟频率的乘积。从逻辑上看，增加位宽和提高频率即可改进总线带宽，但增加位宽使芯片占用的面积增加、功耗加大、布线困难及器件引脚增多；提高频率，使高频信号的匹配传输难度增加、干扰和串扰加大、信号沿变坏、离散加大，进而使时钟同步困难，甚至影响总线的正确时序。串行总线引脚少、功耗低、信号完整性好，所以现在的高速总线一般采用串行总线，如 HyperTransport[8] 和 QPI[9] 总线。但芯片内部的总线一般还是并行总线，这样就在芯片上设计有串-并转换电路和并-串转换电路。

12.9.2 多路和多核

设计在芯片上完成还是在芯片外的主板上完成，对应着主板级与芯片级设计，两者因为面积、功耗的约束不同而有较大的差别。随着工艺条件的发展，很多在主板级采用的技术可以转移到芯片设计上来。如将多处理器的 SMP 结构转移到单一芯片中，就得到多核形式的 UMA 结构，它们在数学模型上相同，只是在物理模型上不同。再如将内存的交叉存储技术转移到芯片中，将片上共享 Cache 设计成多体结构。又如将多处理器之间的交换机转移到芯片中，作为片上多核的私有高速缓存与多体结构共享高速缓存的互连网络。最后，就共享存储层次来说，随着共享层次从内存变为末级高速缓存，cc-NUMA 转变为 cc-NUCA(Cache coherent Non-Uniform Cache Access)。

12.9.3 单核、多核和众核

多核对计算机体系结构设计产生了重要影响。正如超级计算机之父西摩·克雷(Seymour Cray)所说，每个人都可以构建一个快速的 CPU，但玄妙在于构建一个快速的系统[10]。系统具有与部分不同的关系，系统大于部分之和，当作为构建块的多核 CPU 以一种体系结构组织在一起时，这时系统就拥有孤立的多核 CPU 节点所不具有的性质，这就是系统的层次涌现性。基于多核 CPU 设计高效的计算机系统，需注意均衡性[11]。

处理器从单核到多核乃至众核，对计算机体系结构产生影响的关键在于处理器芯片级的聚合计算能力的提高，由此引起计算能力、存储能力、通信能力之间的平衡度发生变化。而且这种变化对于不同数量的 CPU 核数也是不同的。

对于高端计算机，体系结构的并行层次就有多核、多路及多节点。应用程序如何充分利用多核 CPU 的聚合计算能力，是操作系统、编译器、应用程序的设计者共同面对的问题。

例题：推导多核处理器的数据需求量公式，然后用处理器的内存控制器带宽实际值代入，比较实际数据供应能力与计算部件的数据需求之间的差距。根据推导的公式，思考导致应用变得数据密集的因素有哪些。

解答：设处理器的主频为 f(GHz)，处理器的核心数量为 n，发射宽度为 w，访存指令比例为 r，取数宽度为 d_1(bit)，指令宽度为 d_2，数据访问的带宽需求量为

$$f \times n \times w \times r \times d_1$$

指令访问的带宽需求量为

$$f \times n \times w \times d_2$$

总的带宽需求量(Gb/s)为

$$f \times n \times w \times (r \times d_1 + d_2)$$

换算成以字节为单位，总的带宽需求量(GB/s)为

$$f \times n \times w \times (r \times d_1 + d_2)/8$$

可以看到使得应用变得数据密集的因素有：处理器主频较高，处理器核心数量较大，超标量技术使得每周期发射指令较多，访存指令比例较大。或者说，指令级并行及线程级并行等技术使得处理器单位时间内对数据的需求量增加。

以现代高端多核处理器 Intel Core i7[12] 和众核处理器 Intel SCC[13] 及国产多核处理器龙芯 3A[14] 为例，多核处理器和众核处理器的聚合计算能力对访存的需求列于表 12-2。

表 12-2 多核和众核处理器的聚合计算能力对访存的需求

处理器	n	f/GHz	w/(GB · s^{-1})	r	d_1/b	d_2/b	访存带宽需求/(GB · s^{-1})	内存控制器带宽/(GB · s^{-1})	满足需求百分比/%
Intel Core i7	4	3.2	4	0.5	64	32	409.6	25.6	6.3
Intel SCC	48	0.2	4	0.5	64	32	115.2	25.6	22.2
龙芯 3A	4	1.0	4	0.5	64	32	80.0	12.8	16.0

从表 12-2 中最后一列可看到满足需求百分比不是很高，减少这个差距的技术主要是存储级并行技术，包括多端口高速缓存、流水线高速缓存、多级高速缓存、多体高速缓存、为每个核配置私有的一级高速缓存甚至私有的二级高

速缓存、将一级高速缓存进一步分离为指令高速缓存和数据高速缓存，等等。可见，围绕指令和数据之间的对立统一，数据存储级并行技术与指令级并行技术实现了对称，处理器乃至整个计算机的设计从早期以计算部件为中心逐渐转移到以存储层次为中心。

处理器核成为处理器芯片的基本构建块，芯片设计者根据市场需求，基于相同的处理器核心推出不同的处理器，这些处理器的主要区别在于：处理器核的数量不同，末级高速缓存的容量不同，可靠性、可用性及可服务性方面的差别。

12.9.4　同构和异构

多核处理器的出现使得异构多核成为更值得考虑的一种处理器结构。异构多核处理器已应用在专用的嵌入式计算场景中。限制异构多核处理器应用的一个重要因素是当前的编译器和操作系统还不能充分灵活地支持应用与异构多核之间的映射。破解这一难题需要三个方面的努力：一是编译器和操作系统技术的进步，二是异构多核的多个处理器核心之间具有明确的功能划分，三是应用能容易地分解为与处理器核心功能相对应的若干个部分。简而言之，耦合是映射的障碍，正交是映射的基础。

从节点的结构看，超级计算机的设计也有同构和异构之分。历史上，红杉超级计算机[15]采用的是同构体系结构，每个节点 16 核，采用的是 8 核或 16 核 Power 结构的 45nm 工艺的处理器。天河-1A 超级计算机[16]采用的是异构体系结构，配备了英特尔至强 X5670 处理器、基于英伟达费米架构的 Tesla M2050 计算卡、国防科技大学研制的 FT-1000 飞腾处理器（OpenSPARC 架构）。

从计算机系统中 CPU 与 GPU 的融合看，在均衡设计的计算机系统中，CPU 和 GPU 应有明确的功能划分。GPU 主要负责高性能并行数值计算，从 CPU 中分担这种类型的计算，提高系统此方面的性能。下面分析多核 CPU、GPU 及 FPGA 三种并行结构之间的关系。

（1）多核 CPU：如图 12-5 所示，每个核心和单核处理器的核心功能基本相同，但出于功耗的考虑，主频通常降低一些。每个核心有自己的私有 Cache，在末级采用共享的 Cache，核之间的通信和同步均通过末级 Cache（本质上是通过执行核与核之间的高速缓存一致协议实现的）。每个核心中的 ALU 负责执行一个或多个线程（取决于是否支持 SMT 技术），核心中的寄存器保存线程的状态，核心中的控制部分负责管理和调度如分支预测、推测执行等。

（2）GPU：如图 12-6 所示，GPU 是由硬件实现的一组图形运算单元的集合，这些运算单元完成光影处理、3D 坐标变换等运算，起到硬件加速的效果[16]。图形运算的特点是大量同类型数据密集运算，如图形数据的矩阵运算，

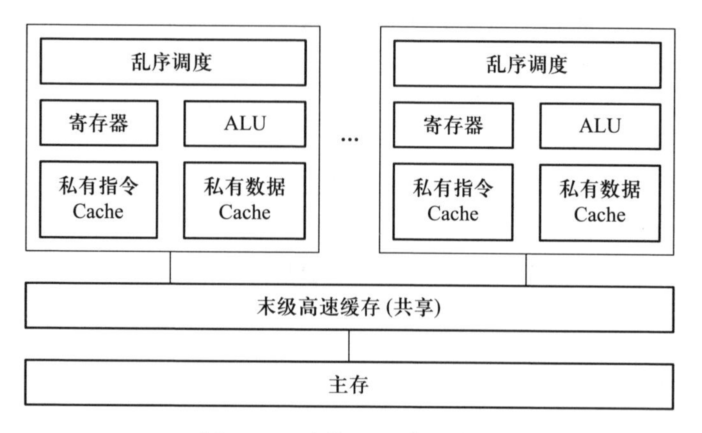

图 12-5 多核 CPU 体系结构

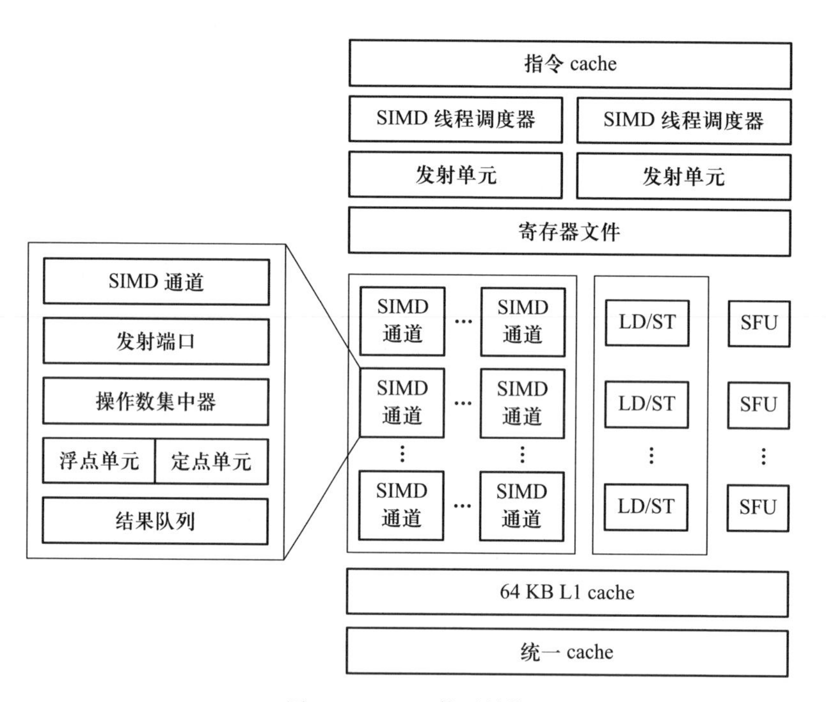

图 12-6 GPU 体系结构

GPU 包含大量重复设计的计算单元，这类微架构就是面向矩阵类型数值计算而设计的，计算可以分成众多独立的数值计算即存在大量数值运算的线程，而且数据之间没有逻辑关联性。相对通用 CPU，GPU 将更多的硅面积集中于 ALU，而对调度逻辑则简单得多。总之，尽管晶体管的数量不少，但相对 CPU，GPU 微体系结构复杂度较低。GPU 的每个运算单元可执行数以千计的线程，这样通过线程级的并行可以隐藏延迟。

(3) FPGA：如图 12-7 所示，与 CPU 和 GPU 不同，FPGA 没有确定的指令集体系结构(ISA)，而是提供很多称之为查找表(LUT)的细粒度的按位操作的功能单元，由它们可以组织成任意逻辑的电路。FPGA 的一个优点是能在运行时对 LUT 进行动态配置。相对于 CPU 和 GPU，FPGA 不擅长于浮点操作。多核 CPU、GPU、FPGA 三种并行结构之间的特性比较如表 12-3 所示。

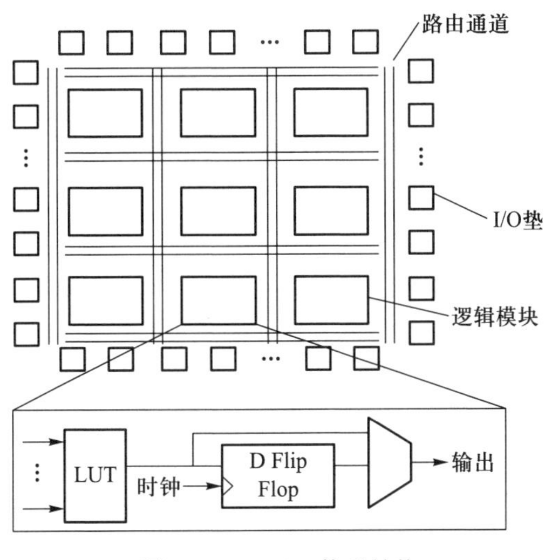

图 12-7 FPGA 体系结构

表 12-3 多核 CPU、GPU 和 FPGA 特性比较

计算结构	是否擅长浮点运算	主频	控制逻辑是否复杂	是否有指令集体系结构	编程代价
多核 CPU	是	较高	是	是	较低
GPU	是	较高	否	是	较高
FPGA	否	较低	否	否	较高

与同构和异构相伴随的是通用和专用。传统的 CPU 因为指令集的丰富具有较好的通用性，GPU 和 FPGA 的专用性则较为显著。当前的一个焦点问题是多种体系结构之间如何融合，是在芯片内部还是在外部实现融合。在芯片内部融合是指 CPU 将 GPU 或类似 FPGA 的可重构逻辑等单元整合在芯片内部，并且通过统一的总线控制模式使系统将其识别为一个处理器。Intel 的 Sandy Bridge 架构酷睿系列处理器，AMD 的 Fusion 将 AMD 的 CPU 与 ATI 的 GPU 整合在一起，它们均是 CPU 整合 GPU。NVIDIA 的麦克斯韦处理器则是 GPU 整

合 ARM 架构 CPU。

在芯片内部融合的好处是同样的芯片可以支持更加多样的应用，芯片的性能和通用性会更强。需要注意的是，融合后芯片的成本、功耗、资源调度和管理难度均显著增加。

我们在实践中采用了芯片外部融合的方式，当前也在开展芯片自主设计的探索，在时机成熟的时候可能会采用芯片内部融合的方式。

12.9.5 共享和私有

以 CPU 芯片的末级高速缓存结构为例进行分析。末级高速缓存一般是共享的，这样设计的原因是高速缓存的共享结构能够使处理器核获得更多的片上高速缓存容量，进而有效地降低高速缓存容量缺失。但是私有结构因为容量较小，用于标记比较的时间较少，以及距离处理器核较近使得访问时的线延迟较小，最终结果是私有结构相对共享结构具有较小的访问延迟。所以 CPU 芯片片上高速缓存层次结构只有末级采用共享结构，其余各级采用私有结构。

12.9.6 分布和集中

CMP 中 LLC 结构一般是共享的，但也存在是分布还是集中的问题，即如何应对跨芯片全局线所带来的长延迟问题和如何减少片外失效来增加片上 Cache 有效容量。片上多核处理器的结构存在分布和集中两种结构，前者称为分片式(Tile)结构，如图 12-8 所示的 Intel SCC 48 核分片式处理器；后者称为集中式舞厅(Dancehall)结构，如龙芯 3A 处理器。为方便扩展，多核处理器一般采用分片式结构。

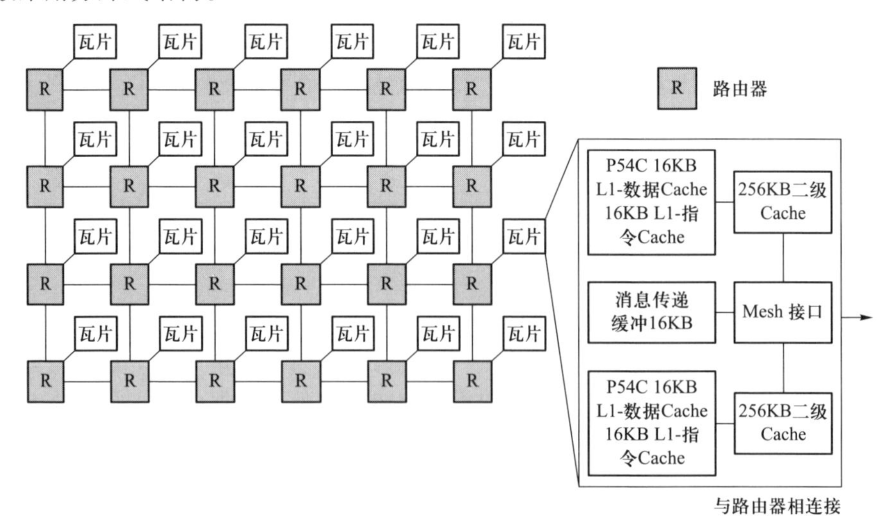

图 12-8 Intel SCC 48 核分片式处理器

12.9.7 延迟和带宽

延迟已成为相对带宽优先级更高的瓶颈[17]。当带宽与延迟需要权衡取舍时，一般优先考虑降低延迟，有时甚至以增加通信量的方式减少访问次数。

12.10 结束语

在摩尔定律延续难度日益增大的背景下，体系结构的优化创新成为实现计算机系统性能持续增长的重要途径。体系结构的优化创新可以更充分地利用现有的硬件物质基础，例如 3D 封装、小芯片(Chiplet)以及多模块技术都是通过对现有硬件资源的重组(reorganization)或重排(rearrangement)来实现。计算机系统设计者需要探索以优化的软硬件协同设计来满足领域应用的需求。

思考题

12.1 多核技术是加剧了存储墙问题，还是减缓了存储墙问题？多核技术是加剧了功耗墙，还是减缓了功耗墙？

12.2 延迟与带宽有何区别？低延迟是否一定对应高带宽？

参考文献

[1] Kogge P, Bergman K, Campbell D, et al. Exascale Computing Study: Technology Challenges in Achieving Exascale Systems [R]. USA: DARPA IPTO, 2008.

[2] Supercomputer TOP500 List [EB/OL].

[3] The gem5 Simulator System [EB/OL].

[4] Yu Z B, Jin H, Zou N H. Computer architecture software-based simulation [J]. Journal of Software, 2008, 19(4): 1051-1068.

[5] Flynn M J. Very High-speed computing systems [C]//Proceedings of the IEEE, 1967, 54(12): 1901-1909.

[6] Hennessy J L, Patterson D A. Computer Architecture: A Quantitative Approach[M]. 6th ed. Cambridge, MA: Morgan Kaufmann, 2018.

[7] 胡伟武，陈云霁，肖俊华，等. 计算机体系结构[M]. 北京：清华大学出版社，2011.

[8] Hypertransport Technology Consortium, Hypertransport I/O Link Specification Revision 3.00[EB], Document #HTC20051222-0046-0008, 2006.

[9] Wikipedia about Intel QuickPath Interconnect[EB/OL].

[10] Wikipedia about Seymour Cray [EB/OL].

[11] Zhu M F, Xiao L M, Ruan L, et al. DeepComp: towards a balanced system design for high performance computer systems[J]. Frontiers of Computer Science in China, 2010, 4(4): 475-479.

[12] Intel core-i7-processor[EB/OL].

[13] Mattson T G, Wijngaart R F, Riepen M, et al. The 48-core SCC Processor: The Programmer's View[C]//Proceedings of the ACM/IEEE Conference on Supercomputing, New Orleans, November 2010.

[14] Gao X, Chen Y J, Wang H D, et al. System architecture of Godson-3 multicore processors [J]. Journal of Computer Science and Technology (JCST), 2010, 25(2): 181-191.

[15] Wikipedia about IBM Sequoia [EB/OL].

[16] Nickolls J, Dally W J. The GPU computing era[J]. IEEE Micro, 2010, 30(2): 56 -69.

[17] Beckmann M and Wood A. Managing wire delay in large chip-multiprocessor caches[C]//Proceedings of the 37th International Symposium on Microarchitecture (MICRO), Portland, December 2004.

[18] Ho R, Mai K, Horowitz M. The future of wires[J]. Proceedings of the IEEE, 2001, 89(4): 490-504.

13 高密度计算机体系结构的设计

13.1 引言

高密度计算机一般具有高性能、高集成度、高热密度、高复杂性的特点，在集成工艺日益发展和处理器体系结构走向片上多核(Chip Multiprocessor, CMP)的条件下[1]，其研制是一项复杂系统工程，在流程上涉及多个环节。对每一环节，又存在功能、性能、可靠性等相互制约但必须兼顾的多个目标。

从时序纵向上看，体系结构概念设计和工程设计是两个主阶段，工程设计又包括原理框图、芯片选型、原理详图、印制板布局、印制板布线、物理制板、焊接、调试、测试、优化等多个环节，每一环节都影响最终系统的功能、性能和可靠性。

从每一环节横向上看，功能、性能和可靠性是设计时必须兼顾的目标。功能的增加意味着集成电路面积的增加和器件数量的增加，进而是功耗的增加和器件失效概率的增加。性能的增加，意味着功耗的增加和高频、高速信号的增多，进而是可靠性的降低。在功耗限制内，需要在功能和性能之间进行权衡。在实践中考虑如下。

首先，这是由于这些方面在设计时存在一定的难以兼顾性，最优的权衡设计通常并非显而易见。其次，针对这些方面，对设计者来说，工程实践中缺乏明确的易于操作的包括时机权衡和内容权衡的设计方法可以遵循。最后，本质上高密度计算机的设计是一个需要对多目标全局权衡的最优化问题，但由于单一目标的设计者分属多个部门，实际研制中如果依次串行开展单一目标设计，难以适应目标系统日益增加的复杂性和对功能、性能、可靠性越来越高的需求。

例题：从设计方法学的角度，试论证设计高密度计算节点的必要性，归纳其一般规律，并举例说明。

解答：高密度计算节点，本质上是一种大部件(Big Component)。大部件的思想在2020年《科学》的一篇文章[2]中被提出。大部件具有两重含义：一是部件，这是对系统整体而言的，表示整个系统由若干个这样的部件组成；二是大，这是对部件个体而言的，表示单一部件计算能力强。大部件能够有效减少部件之间的交互、干扰或协同。

微处理器，本质上也是一种大部件。Intel 8086 发布于 1978 年，有 29 000 个晶体管，Intel 22-Core Xeon E5-2699 V4 发布于 2016 年，晶体管数量较 Intel 8086 增加了 248 000 倍，SPECint 性能增加了 100 多万倍。在面积大小差不多的芯片上，随着时间的推移，以指数级的速度聚集了越来越多的资源，计算能力越来越强。

早期体积庞大的大型机(Mainframe)现在可以缩微到一个芯片中，而且性能更高。这是片上系统(System on Chip，SoC)的思想。历史上的一些学术大师(如冯·诺依曼、钱学森、任继愈等)的知识体系也可以认为是 SoC。大师们对多个细分领域都有深入的研究和理解并且能融会贯通，SoC 式知识结构的优点是内部联系紧密、互连通畅，各知识点能够相互佐证、相互启发，形成一种具有强大动能的思维潮流。多个分立元件的互连或协同存在延迟或壁垒，因此分立元件式知识结构使得人的思维局限。

在面向对象软件工程的基础上，我们提出面向对象体系结构(Object-oriented Architecture，OOA)，即采用开源的模块化的硬件设计，开源的模块就是大部件，避免从分立元件“平地起高楼”，加速集成电路的设计进程。

除了“面向对象的硬件工程”以及本章将要介绍的高密度计算节点，我们研究的并发存储访问模型(Concurrent memory access time)、计算短距离疾跑(Computational sprinting)、存储访问短距离疾跑(Memory access sprinting)背后都有高密度大部件的思想。这里，短距离疾跑是指短时间内高并发工作，然后进入低功耗的非工作模式。 □

接下来先综述相关工作，再结合一款高密度计算节点的研制给出功能、性能和可靠性的权衡方法，最后通过测试说明设计的有效性。

13.2 相关工作

超级计算机在 2010 年已全面进入千万亿次的时代，在 2020 年接近百亿亿次。在 2011 年 7 月公布的 TOP500 超级计算机中，前 10 名实际性能均超过 1000 万亿次浮点操作每秒（Peta Floating-point operations per second，PFlops），排名第一的日本 Fujitsu K computer 实测浮点计算性能达到 8.1 PFlops，2020 年日本 Fugaku 的实测浮点计算性能达到 442 PFlops[3]。超级计算机在性能和规模指标不断提高的同时，面临更为严峻的以性能功耗比、性能体积比、可扩展性等指标为代表的瓶颈问题，对作为核心部件之一的计算节点提出了功能、性能、可靠性等多个维度日益严格的设计目标[4,5]。

龙芯 3A 处理器由我国自主研制，片内集成 4 个 64 位的四发射超标量主频 1GHz 的 GS464 高性能处理器核，相对 Intel、AMD 等设计的 CPU 具有低功耗、自主可控的优势。

对于高密度计算机，应用需求、物理工艺和设计目标之间的关系在不断变化[8]，涉及计算理论、体系结构、物理工艺等多个领域，需要兼顾性能、功耗、面积等多个方面[5]，在基于如 Intel 80-core[9] 和 48-core[10] 等众核 CPU 的设计中尤其如此。Irene Grief 等提出计算机支持下的协同工作(Computer Supported Cooperative Work，CSCW)的概念[6]，斯坦福大学的 PACT[7] 等项目取得了一些研究成果。

13.3 权衡设计方法

可靠性、功能、性能是设计中主要考虑兼顾的三个目标，三者相辅相成又相互制约，在整个设计流程中只有综合考虑这些方面[12]，才有可能整体优化而不顾此失彼。这种综合性的设计称为权衡折中(Tradeoff)。设计流程中对这些目标进行综合考虑的切入点，称为权衡折中点。

一般地，假设设计目标集合为

$$Objects = \{O_1, O_2, \cdots, O_n\}$$

设计历经的环节序列为

$$Steps = \{S_1, S_2, \cdots, S_m\}$$

则在环节 S_i 上的权衡设计表示为

$$Tr(S_i) = Tradeoff(Objects, S_i, C_i)$$

其中 C_i 为当前设计状态，$C_i = Tr(S_{i-1})$，最终设计结果为 $Tr(S_m)$。

如果串行展开功能、性能、散热及结构等设计，逐次缩小设计空间，对低密度计算机可满足基本要求。由于串行的设计流程各环节缺乏协同性，对于高密度计算机这种复杂系统，可能难以形成多目标综合较优的均衡设计。这是因为具有较多功能和较高性能的设计方案带来的对空间的较高要求以及较大的功耗和散热压力，如果在功能、性能设计之后才予以考虑，可能使得以较大的散热和结构设计代价只获得较小的功能、性能收益。

影响计算机可靠性的一个重要指标是工作温度。功能增加和性能提高使得芯片数量和功率不断增加，导致主板的功耗和发热量迅速增加，进而增加电子器件的失效概率。工作温度过高，即使未造成失效也可能损失性能，因为很多元器件在高温下不能保证性能。可靠性与系统的几乎任何一个组成部分都有关系，因篇幅有限，本章对可靠性的讨论仅侧重于热设计部分。

本章讨论的高密度计算机散热与功能、性能的权衡设计框架如图 13-1 所示。完整的高密度计算机设计流程中，原理框图、芯片选型、原理图、印制板布局和布线这些环节均贯穿着功能、性能、热设计。图 13-1 中给出了典型的权衡设计内容。

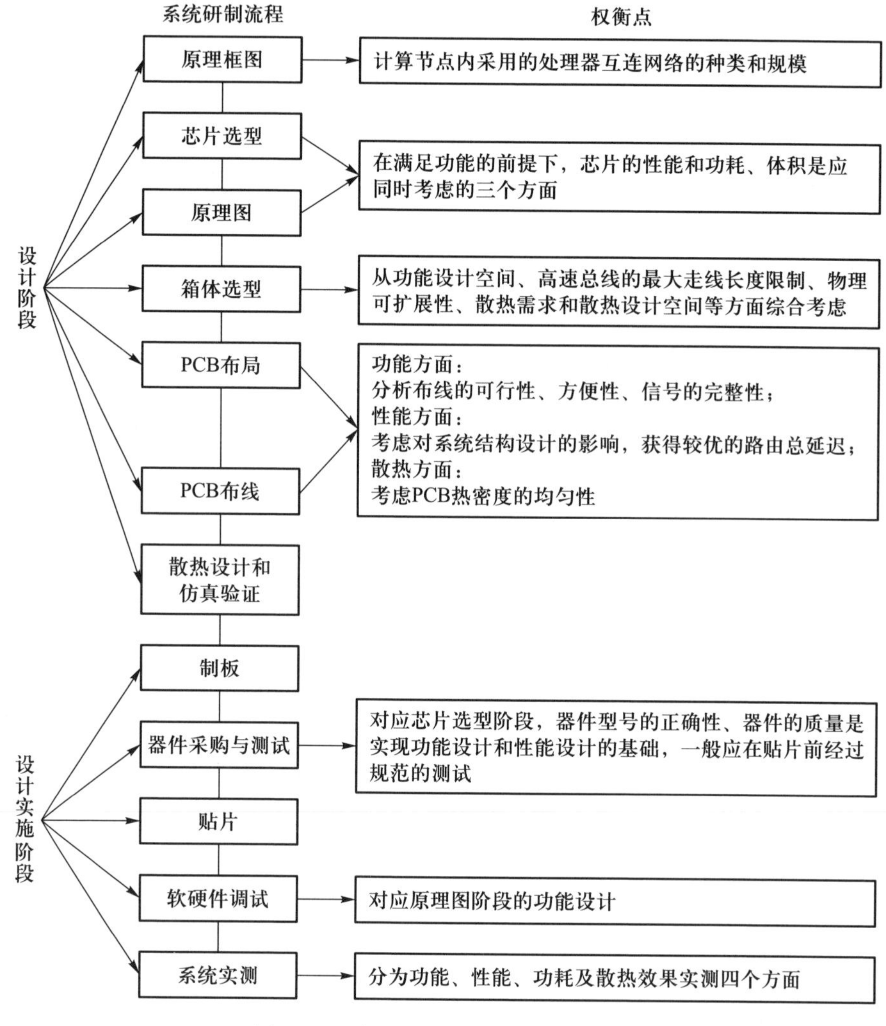

图 13-1　高密度计算机权衡设计流程

设计阶段的每一环节均可以随时回溯，对设计方案进行迭代式调整，而设计实施阶段则不可回溯，这也是硬件与软件的一个重要区别。系统的可靠性、功能、性能不仅与设计方案有关，也与设计方案的实施有关。例如设计阶段的芯片选型虽然很大程度上决定了芯片的耐温值、功耗、额定寿命等指标，但设计实施阶段的实物器件质量和焊接工艺水平也对系统的可靠性、功能、性能有重要影响。作为示例，下面对高密度计算机中的部分典型权衡点加以分析。

13.4　处理器互连网络的种类和规模

不同的处理器互连网络在连通能力、直径、对称性、路径冗余度、可扩展性等方面通常具有不同的性质。① 从功能角度，处理器互连网络提供了处理单元间的连通性，但不同网络拓扑的连通能力一般不同。② 从性能角度，处理器互连网络结构的选择是设计决策中的重要方面。首先，芯片级、主板级、系统级的处理器之间的读写访问通信需要经过互连网络实现，互连网络的效率直接关系到整体性能。其次，芯片级、主板级、系统级可集成的处理器数量，将随着芯片工艺水平的提升而进一步增加，互连网络影响整机系统的可扩展性，互连网络结构需要易于扩展。最后，对于较为流行的分布式共享存储系统，互连网络直接影响高速缓存一致性维护的实现效率。③ 从散热和结构设计角度，高密度计算机内集成的处理器数量决定了处理器互连网络规模，进而对设计的复杂度、散热、箱体结构等均有重要影响。

以 Torus 拓扑和 Mesh 拓扑为例，从功能角度，任意节点之间路径的数量和长度可能不同，由于具有较多的连接，Torus 中对应的路径数量可能较多，最小路径长度可能较短。从性能角度，相对于 Mesh，Torus 以较多的连接提供了较小的平均时延和较大的吞吐量；但是当 CMP 数量为 16 时，Mesh 以较少的连接却获得与 Torus 在性价比方面几乎相同的优势（随着 CMP 数量继续增长，Torus 的优势才渐趋明显）[13]。从散热和结构设计角度，相对于 Torus，Mesh 结构使得互连引起的能耗有所减少，同时布线复杂性降低。

对于高密度计算节点，单个 1U 机箱内有 16 个 CMP，在定性分析、量化计算、模拟评估的基础上综合权衡，之后选择以 Mesh 作为节点内处理器互连网拓扑结构，在后续系统规模扩展时可考虑采用 Torus 或其他结构。

13.5　机器节点结构的紧密与松散

构建超级计算机，需要采用模块化结构来设计计算节点。就特定性能目标的单个节点而言，在物理上究竟采用高密度设计还是松散型设计，是一个基本的设计问题。① 从功能角度，低密度设计如塔式服务器有实现较多功能所需的设计空间，可选设计种类更多。② 从性能角度，对于系统级总线，其链路由于能耗和信噪比的原因具有最大线长的限制，采用高密度设计有利于保持总线信号完整性和缩短传输时延。③ 从散热和结构角度，高密度设计有利于节约空间，易于物理扩展。从上述方面权衡，龙芯 3A 高密度计算机设计为机架式，以兼顾塔式和刀片服务器的优势。

13.6　印制电路板的布局

在印制电路板的布局阶段，需要进行以下权衡：功能方面，考虑布线的可行性、方便性；性能方面，考虑对体系结构设计的影响，以获得较优的路由总延迟；可靠性方面，考虑信号的完整性、印制板热密度的均匀性。在概念设计和仿真设计过程中，系统结构设计者需要在功能模块原理图、物理布局模型和热分析结果这三种不同视图中显示，其中任何一个视图中所做的改动应及时反映在其他的视图中。由于功能、电气性能、机械结构、散热等方面的问题可在设计之前解决，提高了设计的优化效率。

在处理器互连网络的种类和规模、处理器类型和箱体类型等初步确定的基础上，可从散热和结构设计角度提出几种备选的主板布局方案，如图 13-2 ~ 图 13-4 所示。

1. 布局 A

如图 13-2 所示，布局 A 分为主板、风扇和电源三部分。主板为对称的左右两板，由 4 对板间接插件互连；两组电源位于主板左右两侧；风扇位于主板前端，InfiniBand 等 I/O 接口位于主板后端。每板包括 8 片 CPU，分成上下两组，每组 4 片 CPU 首尾串联，呈一字形走向。

布局 A 的优点在于：布局规整，散热风路通畅，线路清晰，线间交叉少，超级传输总线连线与处理器和内存连线没有交叉。只在用于 cc-NUMA(cache-coherent Non Uniform Memory Access)结构内部互连的 HT0 与 HT1(用于 cc-NUMA 结构之间互连)存在交叉。其缺点在于：处理器呈纵向两路排列，横向较窄，纵向较长，增加了布线、制板的复杂度，可考虑将该方案由左右两板变为上下两板。在每个 cc-NUMA 内部 4 片 CPU 间的连线中，存在一条 HT 总线走线较长，导致不同 CPU 具有不同访问远程内存与本地内存的延迟比，可能影响性能。每个印制板上两个 cc-NUMA 的 0 号 CPU 距离较远，不易实现两个 cc-NUMA 的公共模块。

2. 布局 B

如图 13-2 所示，布局 B 主板为对称的上下两印制板；16 片 CPU 分成 8 行，每行两块，呈之字形走向，共 3 列。

布局 B 的优点在于：CPU 呈 3 列，主板热流密度降低。主板横向分割，面积适中，便于制板。HT0 连线均衡，每个 cc-NUMA 中 4 块处理器呈对称分布，对性能有益。每个 cc-NUMA 的 0 号处理器周边空间较大，便于布置其他器件。同一块主板上，两个 cc-NUMA 的 0 号 CPU 距离较近，容易实现两个 cc-NUMA 的公共模块。其缺点在于：处理器和内存连线与 HT1 连线有多处交叉，需分配到印制板的多层上；HT1 连线的平均长度较布局方案 A 长。

3. 布局 C

如图 13-4 所示，布局 C 分成上下两板设计，板间使用高速连接器互连，每板包括 8 个 CPU，分成上下两组，每组 4 个 CPU 首尾串联，呈一字形走向。

在布局分析过程中，始终贯穿着功能、性能、散热的权衡设计。芯片是功能、性能的实现者，同时又是发热源。在满足功能的基础上，芯片的性能和功

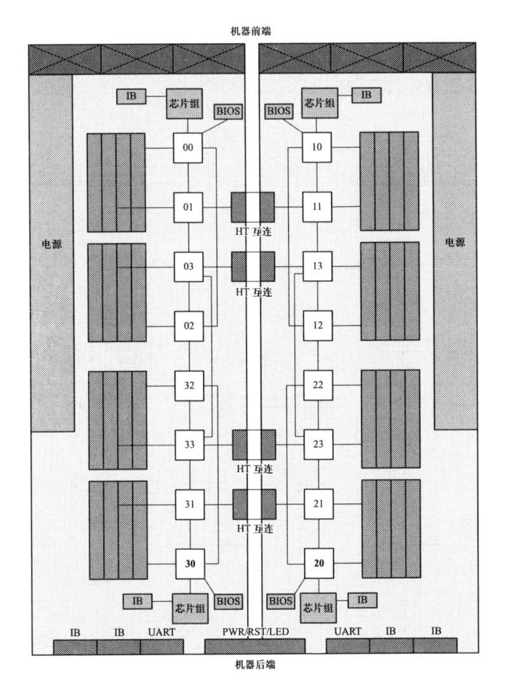

图 13-2　布局 A

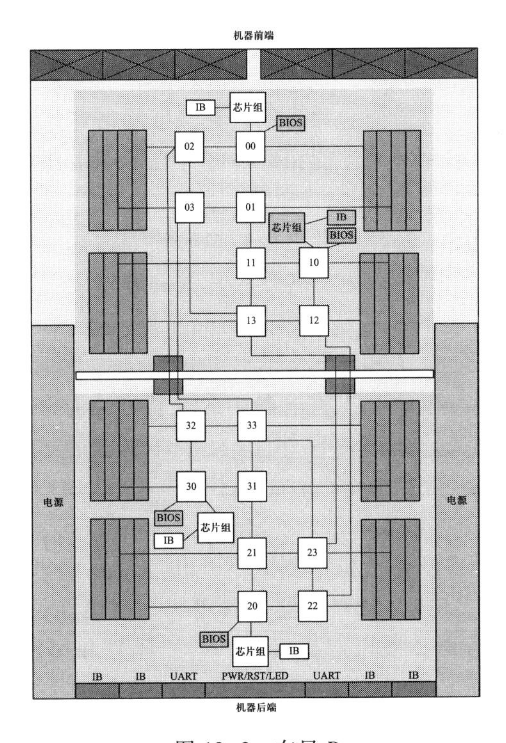

图 13-3　布局 B

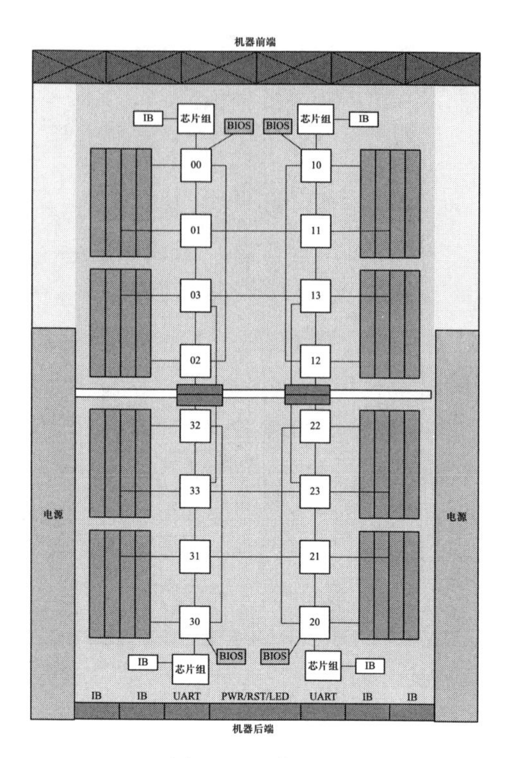

图 13-4　布局 C

耗、体积应同时考虑。以通信芯片为例，在保证网络连通性的前提下，可选择具有不同性能的控制芯片，而性能相近的芯片在影响散热的功耗、体积两个指标上又各具特点。

通信芯片、处理器、芯片组及电源转换芯片等的选型均为功能、性能、散热权衡设计的关键点，下面以电源转换芯片为例进行说明。布局 C 在满足系统对电源功能需求的前提下，可从性能、功耗角度提出两种优化的电源设计方案，对应两种优化布局 C.1 和 C.2。

在结构设计方面，布局 C.1 将电源芯片放置在内存条交错部分的间隙中，布局 C.2 则将电源芯片放置在内存外侧(处于印制板的边缘)，单独占用一个风道。两种布局方案对应的电源芯片的温控目标如表 13-1。

在热设计方面，① 布局 C.2 为了比较机箱侧壁开孔与不开孔对均衡 16 个 CPU 温度的作用，分别设计了机箱侧壁不开孔和开孔的方案；② 布局 C.2 同一个印制板上多个 CPU 或芯片组等器件共用一个散热器，使 CPU 等器件的温度更加均衡；③ 布局 C.2 采用双排风扇，增加风量和风压克服更大风阻，提高散热效果；④ 布局 C.2 前后面板的开孔与主要散热器件处于同一风路上，进风可直接冷却这些器件。

表 13-1 两种布局方案对应的电源芯片的温控目标 (单位:℃)

	布局 C.1	正常温度	最高温度	布局 C.2	正常温度	最高温度
芯片 1	SIL40C2-00SADJ-HJ	70	75	PTH08T250W	70	85
芯片 2	VRM64-80-12-UY	60	65	PTH12010Y-YAH	70	85
芯片 3	LDO10C-005W05-HJ	70	75	PTR08100W	70	85

采用 ICEPAK 模拟器对上述结构及散热方案进行仿真，表 13-2 给出了两种布局方案对应热设计的仿真结果。对于 C.2，给出了包括机箱侧壁开孔和不开孔两种情形对应的散热方案的仿真效果。

表 13-2 两种布局方案对应热设计的仿真结果 (单位:℃)

	正常工作温度	最高安全温度	布局 C.1 实际最高温度	布局 C.2 最高温度(侧壁不开孔)	布局 C.2 最高温度(侧壁开孔)
CPU	70	75	63.73	57.64	55.91
内存	60	85	52.91	56.62	57.14
芯片组	70	85	67.41	63.30	62.14
电源芯片	75	90	120.60	72.43	73.19
通信芯片	70	80	57.93	64.97	63.79

由表 13-2 可知，对于布局 C.1，CPU、内存、芯片组、通信芯片等的散热需求得到了满足，但电源芯片的实际温度超出了安全范围，且不能通过优化布局获得较大改善。因此从热设计的角度，否定了布局 C.1 对应的方案。

布局 C.2 全部器件的散热需求均得到满足，成为一种可接受的设计。对于侧壁开孔或不开孔两种情形，由于 1U 空间内 CPU 数量较多，侧壁开孔可使 CPU 最高温度降低约 2℃，整体上有助于保持 CPU 之间的温度均衡，使系统具有更长寿命，因此，布局 C.2 的侧壁开孔方案被决策为最终设计。

13.7 测试与验证

作为功能、性能、散热与结构权衡设计的最终载体[13]，本章研制的高密度计算机占地 0.46 m^2，峰值性能 256 GFlops，整机峰值功耗为 226 W，计算/功耗比约 0.853 GFlops/W。对整机运行较大规模 Linpack 并测量功耗、温度，单 CPU 的实测功耗和温度分别在 10.2W 和 32℃以内。

当前市场上主流高性能计算节点以两路或四路居多，八路以上较少。如表13-3，与IBM等高性能计算节点相比，本章设计的高密度计算机具有高密度、低占地的特点。这说明整机设计实现了复杂的功能，同时体现了低功耗、高能效的特点，能应对较高的散热压力。

表 13-3 相关计算机的比较

比较对象	密度、性能及功耗特点
本章设计的高密度计算机	支持16颗4核1.0GHz龙芯3A处理器，占地1U，功耗约226W
IBM Blade ® JS20 刀片服务器	支持2颗2.2GHz IBM PowerPC970处理器。峰值性能约17.6 GFlops，占地约1/2 U，功耗约395W
IBM BladeCenter ® JS22 Express 刀片服务器	支持4颗2核4.00GHz POWER6处理器，占地约1/2 U，功耗约350W
TYAN GT62B8230-LE 机架服务器	支持2颗AMD 2.1GHz 12核Opteron 6100处理器，占地1U，功耗约350W，峰值性能约201.6 GFlops

13.8 结束语

本章结合一款基于国产多核处理器的16路高密度计算机的研制，分析了设计流程中可靠性与功能、性能的权衡方法，为作为超级计算机的核心部件的高密度计算节点提供了多目标设计的思路和经验。

思考题

13.1 思考芯片设计与主板设计在设计目标和设计约束方面的联系与区别。

13.2 思考高密度计算机有哪些好处，然后从大部件的角度与文献[2]中的建议进行比较。

参考文献

[1] 谢向辉，胡苏太，李宏亮. 多核处理器及其对系统结构设计的影响[J]. 计算机科学与探索，2008，2(6)：641-650.

[2] Leiserson C E，Thompson N C，Emer J S，et al. There's plenty of room at the top：What will drive computer performance after Moore's law? [J]. Science，

2020, 368(6495): 1079-1086.

[3] Meuer H, Strohmaier E, Dongarra J, et al. TOP500 List [EB/OL].

[4] Yale P. Computer Architecture Research and Future Microprocessor: Where do we go from here? [C]. Keynote in the 33rd International Symposium on Computer Architecture(ISCA), Boston, IEEE Computer Society, 2006: 2-3.

[5] Kogge P, Bergman K, Campbell D, et al. Exascale Computing Study: Technology Challenges in Achieving Exascale Systems [R]. USA: DARPA IPTO, 2008.

[6] Grudin J. Computer-supported cooperative work: history and focus[J]. Computer, 1994, 27 (5): 19-26.

[7] Cutkosky M R, Engelmore R S, Fikes R E, et al. PACT: An experiment in integrating concurrent engineering systems[J]. IEEE Transactions on Computers, 1993, 26(1): 28-37.

[8] Xie X H, Fang X, Hu S T, et al. Evolution of supercomputers[J]. Frontiers of Computer Science in China, 2010, 4(4): 428-436.

[9] Vangal S R, Howard J, Ruhl G, et al. An 80-tile Sub-100-w TeraFLOPS processor in 65-nm CMOS [J]. IEEE Journal of Solid State Circuits, 2008, 43(1): 29-41.

[10] Howard J, Dighe S, Vangal S R, et al. A 48-Core IA-32 processor in 45 nm CMOS using on-die message-passing and DVFS for performance and power scaling[J]. IEEE Journal of Solid State Circuits, 2011, 46(1): 173-183.

[11] Gschwandtner P, Fahringer T, Prodan R. Performance Analysis and Benchmarking of the Intel SCC [C]. IEEE International Conference on Cluster Computing, Austin, 2011: 139-149.

[12] Zhu M F, Xiao L M, Ruan L, et al. DeepComp: Towards a balanced system design for high performance computer systems[J]. Frontiers of Computer Science in China, 2010, 4(4): 475-479.

[13] 刘宇航, 祝明发, 肖利民, 等. 基于龙芯 3A 处理器的高效能计算结点研制[J]. 高性能计算技术, 2010, 6: 46-53.

14 分布式共享存储结构的设计

14.1 引言

体系结构的设计应建立在当代多核处理器的基础上，且具有代表性。国产多核 CPU 使用 HT 总线和目录协议，非国产多核 CPU 使用 QPI 总线和侦听协议，是两类主要的多核 CPU，本章将对它们进行对比介绍。

多核 CPU 直连时，共享存储扩展规模有限，对于两类多核 CPU，问题的根源既存在显著差别，又存在共同之处。

其一，显著差别。目录协议和 HT 总线互连的多核 CPU 采用全映射位向量目录结构，而侦听协议和 QPI 总线互连的多核 CPU 采用传统侦听协议与目录协议相结合的方法，且侦听的成分较大一些。侦听协议多核 CPU 的可扩展能力弱于目录协议多核 CPU，从根源上说，是由于对高速缓存块共享者定位的精度不足导致的。因为随着共享存储规模的扩展，对共享者定位的精度不足就会引发越来越多的侦听消息，且单个消息包的延迟也越来越大。因此，侦听协议和 QPI 总线多核 CPU 直连时扩展规模有限问题的根源有一部分来自其自身固有的侦听机制。

其二，共同之处。因为侦听协议和 QPI 总线多核 CPU 吸纳了目录协议的部分优势，采用了 2-bit 的目录项，起到了过滤消息包的作用，所以对两类处理器来说，问题从本质上都可归结为处理器目录项宽度与需标识的高速缓存块共享者数量之间的矛盾。

基于目录协议和 HT 总线多核 CPU 的可扩展共享存储结构，设计按如下顺序进行：首先进行龙芯 HT CPU 的结构及高速缓存一致的分析，指出需要解决的问题，同时为后续芯片结构和协议的设计提供 CPU 结构和协议的基础；其次设计高速缓存一致结构并进行对比研究；再次设计辅助芯片的结构；最后设计基于辅助芯片的可扩展共享存储结构和协议。

典型的多核处理器芯片结构如图 14-1 所示，整体基于两级交叉开关实现。第一级交叉开关用于连接作为主设备的 4 个处理器核、作为从设备的 4 个末级 Cache 陈列以及两个控制器，第二级交叉开关连接作为主设备的末级高速缓存模块、内存控制器、低端 I/O 以及芯片内部的配置寄存器。两级互连开关均采用读写分离的数据通道，工作在与处理器核相同的频率。

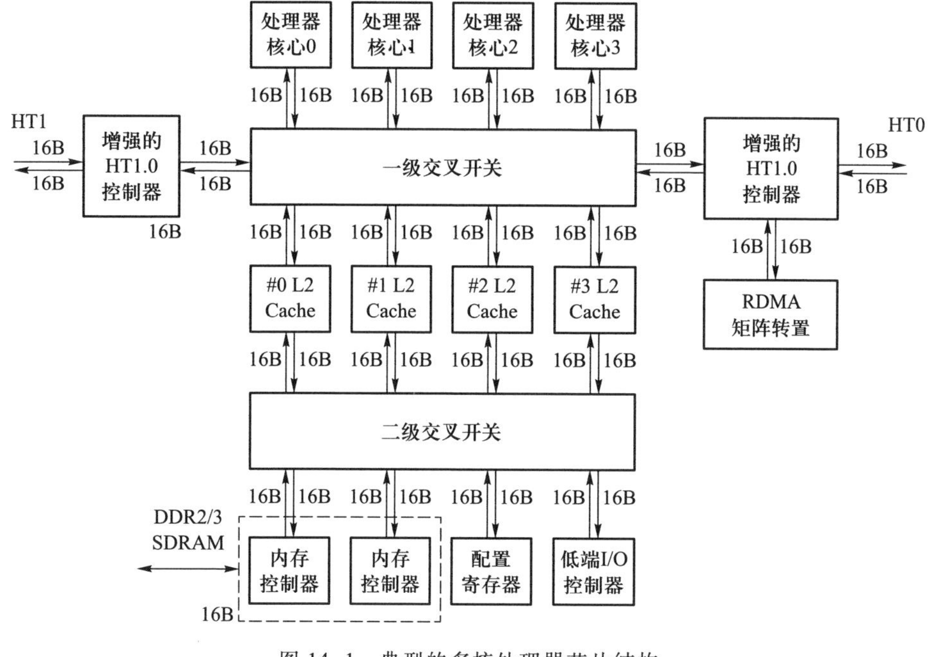

图 14-1　典型的多核处理器芯片结构

CPU 芯片的末级高速缓存一般是共享的。高速缓存共享结构的好处是处理器核获得更多的片上高速缓存容量，有效降低高速缓存容量缺失。私有结构距离处理器核较近，访问时的线延迟较小，私有结构相对共享结构具有较小的访问延迟。

现在主流片上多核处理器一般采用末级高速缓存多阵列，私有高速缓存与最近一级高速缓存之间采用交叉开关这样的点到点互连网络，末级高速缓存共享且目录存放于此处。下面以龙芯 3 多核 CPU 为例，介绍可扩展共享存储体系结构。

如图 14-2 所示，龙芯多核 CPU 有两级高速缓存，每个高速缓存块大小均为32 B。私有数据高速缓存块对应的状态有独占、共享、无效及未缓存 4 种，用 2b 状态位就可以表示，各状态的定义见表 14-1。

末级高速缓存行对应的目录项采用 32 位全映射位向量结构，每一位对应一个共享者，即私有指令高速缓存或私有数据高速缓存，此外每个目录项还附加一个脏位，当脏位为 1 时，表示某处理器核独占并已改写此行，相应的高速缓存行处于脏状态；否则相应的高速缓存行处于净状态。因此，每个目录项最多可以指示 16 个私有指令高速缓存和 16 个私有数据高速缓存对该高速缓存块的使用情况，即 16 个核对该高速缓存块的使用情况。

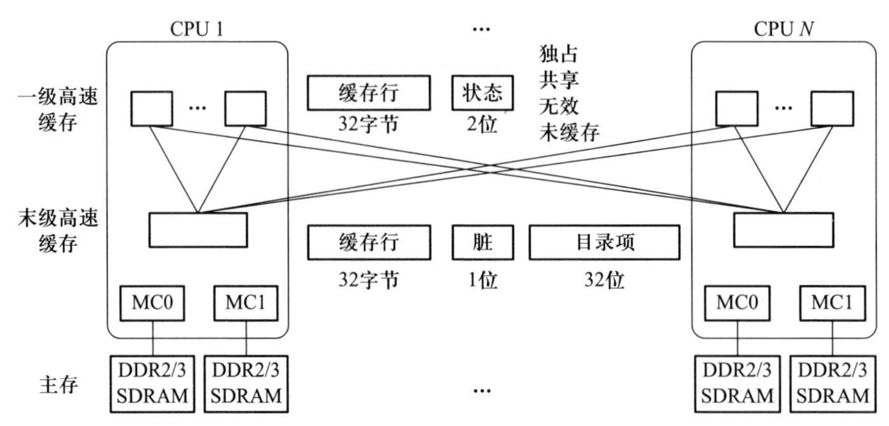

图 14-2　龙芯多核 CPU 的高速缓存块和目录项结构

表 14-1　一级高速缓存块状态的定义

状态	定义
未缓存	要访问的存储行不在一级高速缓存中，处理器核对该访问都不命中
无效	要访问的存储行在一级高速缓存中，但处于无效状态，处理器核对该访问都不命中
共享	可能还有其他处理器核持有该高速缓存行的有效备份，处理器对这一行的取数可以在一级高速缓存中完成
独占	此存储行的唯一有效备份，处理器核对这一行的读或写访问都可以在一级高速缓存中完成

龙芯多核 CPU 在私有高速缓存与末级高速缓存间维护高速缓存一致，L1 私有高速缓存作为 L2 Cache 高速缓存块的共享者，当发生末级高速缓存不命中时，末级高速缓存从本地内存取数据。通过 cc-NUCA(Cache coherent Non-Uniform Cache Access)实现 cc-NUMA 是基于当前多核 CPU 实现共享存储的一个特点。ccNUCA 与 cc-NUMA 的共同点和区别见表 14-2。

表 14-2　cc-NUCA 与 cc-NUMA 的共同点和区别

共同点	① 内存统一编址
	② 内存在物理上是分布的，访问延迟有本地和远地之分
区别	① CC-NUMA 内存中的数据块可以被高速缓存到多个末级 Cache 中 ② CC-NUCA 内存中的数据块只能够被高速缓存到最多一个末级 Cache 中

cc-NUCA 将维护一致性的层次从内存前移到末级高速缓存，在没有改变 cc-NUMA 的高速缓存一致和非统一存储访问本质的前提下，大幅度降低了目录存储开销：在末级高速缓存维护一致性，每个末级高速缓存行对应一个目录项，有效减少了目录的高度，进而有效降低了目录存储开销，当然在末级高速缓存中保存目录相对在内存中具有较高的成本。

多核处理器系统的物理地址分布采用全局可访问的层次化寻址设计，整个系统的物理地址宽度为 48 位。根据地址的高 4 位，整个地址空间被均匀分布到若干个节点上，每个节点包括多个处理器核。龙芯 3A 处理器支持 16 个节点(共 64 核)的全局地址空间，但基于全位向量的目录协议由于目录宽度和 CPU 编号位宽的限制，只支持 4 个节点(共 16 核)的高速缓存一致。

接下来，在多核 CPU 结构及高速缓存一致分析的基础上进行高速缓存一致的关键部件——目录结构的设计，这是完成高速缓存一致的共享存储的逻辑基础。

如图 14-3 所示，多个龙芯多核 CPU 节点分别连接到 1 个外部辅助部件——插入节点上，组成一个区域，该插入节点内的目录存储体具有同时满足以下两个条件的高速缓存块对应的目录项：该高速缓存块当前在本区域中的私有高速缓存中存在备份；该高速缓存块的 Home 节点在其他区域中。

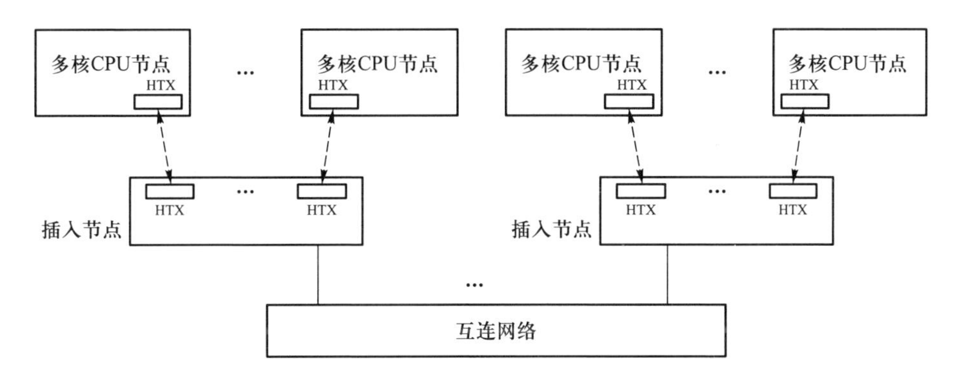

图 14-3　基于多核 CPU 的共享存储体系结构的一般情形

由于插入节点为外部辅助部件，存储开销较为灵活，因此从性能优先的角度，插入节点中的目录项可采用全映射结构，指示本区域中哪些一级数据高速缓存和指令高速缓存是共享者。

插入节点之间的互连网络可以是总线、网格、环绕、交叉开关及交叉开关的多级网络等拓扑结构。基于龙芯 3A 多核 CPU 共享存储体系结构的实现效果如图 14-4 所示，多核 CPU 节点作为云端接入(或者说插入)云中，所有桥芯片及其互连统称为云。如图 14-5 所示，从性能优先的角度，插入节点互连网络采用交叉开关，每个龙芯 3A CPU 芯片可作为一个节点插入外部辅助部件桥片上。

图 14-4 基于多核 CPU 构建的共享存储体系结构的实现效果

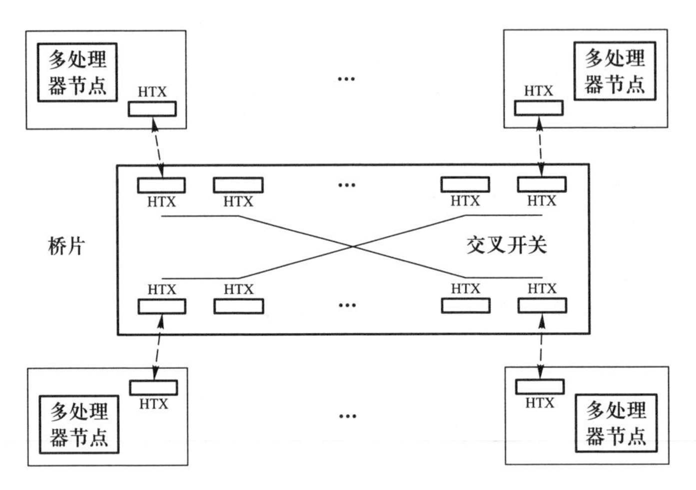

图 14-5 基于多核 CPU 的共享存储体系结构（互连最直接的情形）

14.2 体系结构的系统特征建模

基于多核 CPU 的高速缓存一致的非统一存储访问结构 cc-NUMA 具有以下 3 个方面的特点。

（1）高速缓存一致的全局可寻址存储，使系统具备硬件支持的高速缓存一致性和存储同一性，分布式共享存储结构及其单一地址空间如图 14-6 所示。系统特性可以用以下参数标识：私有 Cache 的数量、共享数据块的大小及每个私有 Cache 包含块数。

（2）具有非统一存储访问的特点，且具有潜在的性能可扩展性。因为每个节点都有自己的本地内存，所有节点的本地内存组成了全局可寻址的高速缓存一致的共享存储，节点访问不同的存储位置一般具有非统一的访问延迟。之所以具有潜在的性能可扩展性，是因为在高速缓存的作用下，对远地数据访问的

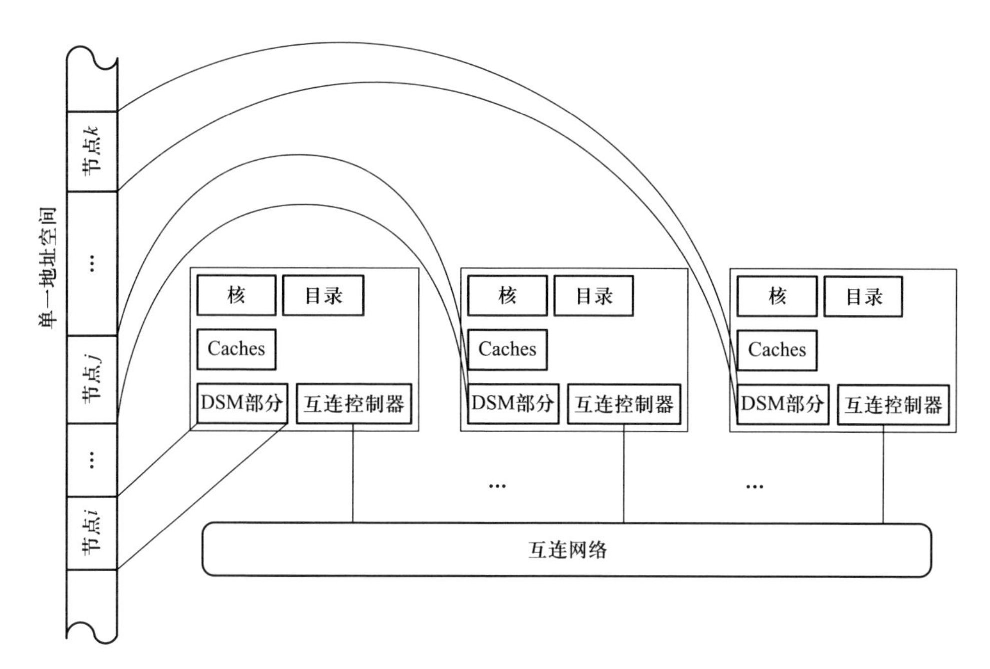

图 14-6 分布式共享存储结构及其单一地址空间

高速缓存命中率如果较高，访问远地内存的需求将不高。

处理器节点 P_i 具有本地内存 M_i，非统一访问延迟的特点就可以通过相应的访问延迟矩阵来刻画。$\boldsymbol{L}_{ii}(i=1,\ 2,\ \cdots,\ n)$表示节点 P_i 访问本地内存 M_i 的延迟，处于延迟矩阵的对角线上。$\boldsymbol{L}_{ij}(i\neq j,\ i,\ j=1,\ 2,\ \cdots,\ n)$表示节点 P_i 访问远地内存 M_j 的延迟。一般来说，节点 P_i 访问远地内存 M_j 的延迟等于节点 P_j 访问远地内存 M_i 的延迟，即 $\boldsymbol{L}_{ij}=\boldsymbol{L}_{ji}$。但是，如果内存 M_i 和内存 M_j 的通信热度不同，那么可能由于通信拥塞导致 $\boldsymbol{L}_{ij}\neq\boldsymbol{L}_{ji}$。

(3) 如图 14-7，可以利用封装的层次性，即核-芯片-节点-主板-系统，

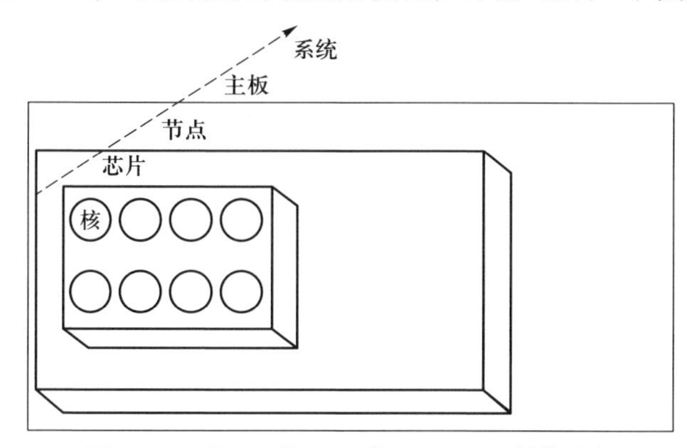

图 14-7 基于多核 CPU 的 cc-NUMA 封装层次

开发片上多核、主板级多片、系统级多主板等多层次的并行性。每个多核 CPU 芯片上有多个处理器核，每个节点上有多个多核 CPU 芯片，每个主板上有多个节点，每个系统中有多个主板，系统中处理器核的数量则为其乘积。

图 14-8 所示为 cc-NUMA 的存储访问层次结构，全部的本地主存组成了共享存储空间，一个节点的本地主存是另一个节点的远地主存，访问远地主存的延迟大于甚至数倍于访问本地主存的延迟。图 14-9 以 Intel Xeon 处理器为例给出了具体数据。

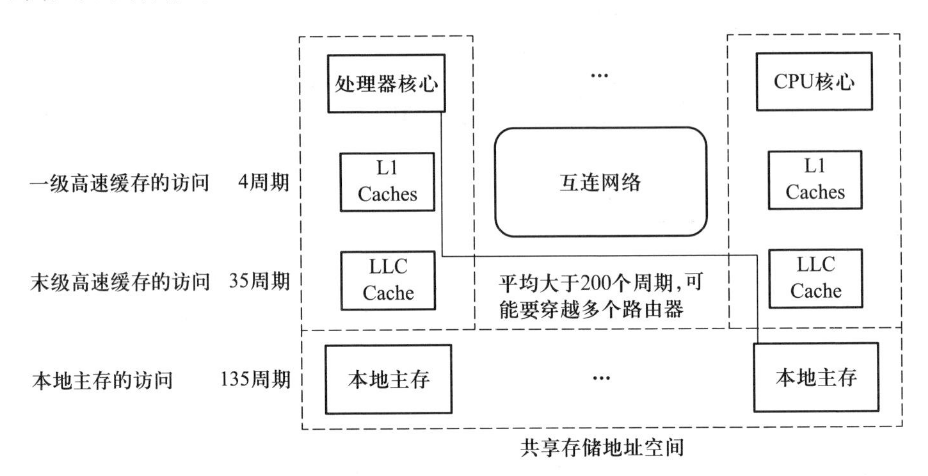

图 14-8　cc-NUMA 的存储访问层次结构

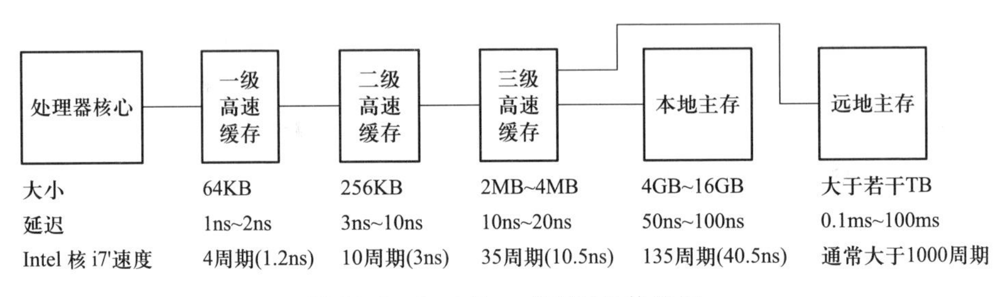

图 14-9　Intel Xeon 处理器具体数据

14.3　使用多核处理器构建大规模共享存储结构

如表 14-3 所示，设计时的两个最重要的思考维度是性能可扩展性和设计复杂性。

表 14-3　可扩展共享存储体系结构的理想特征

特征	描述
性能可扩展性	能够扩展的 CPU 芯片数量可以较多，终极目标是没有上限
	较低的 Cache-to-Cache 缺失延迟
	不依赖于总线这样的维持消息全序的互连网络
	带宽效率较高
设计复杂性	协议正确性易于验证
	实现的复杂度适当
	不修改 CMP 结构

拟设计桥片起到协助协议执行的功能。多核 CPU 硬件片外部件桥片将机群构造成 cc-NUMA 共享存储结构，包括多核 CPU 节点、桥片以及节点间互连网络三个部分。首先，若干个 CPU 芯片构成机群中一个节点，CPU 芯片之间通过总线互连，其中至少一个处理器与桥片互连。其次，桥片同时有一致性控制和互连功能，芯片可将电源、时钟、外部存储器等实现在一个印制板上。最后，桥片之间通过内置的路由器互连通信。

机群形态的多个 CPU 节点通过桥片互连之后实现了高速缓存一致的共享存储。之所以采用这种总体结构，出于以下三个方面的考虑：

（1）采用多核 CPU 外部附加辅助芯片的硬件方法，因为基于共享存储的研究历史经验，长期以来软件方法没有获取理想的预期性能和效率。

（2）多核 CPU 外部附加辅助芯片起到高速缓存一致控制和互连两项基本功能，高速缓存的一致性需要对高速缓存共享者进行标识、干预及协调，标识需要目录等形式的信息，干预即通过消息包通信执行高速缓存一致协议的各种基本操作，协调即在空间分布式系统中的高速缓存块所涉及的多个主体之间完成。

（3）多核 CPU 外部附加辅助芯片使用标准的总线接口与基于多核 CPU 的计算机互连即可，无须改变商用处理器结构。多核 CPU 外部附加辅助芯片之间通过多端口互连，不再需要集中式交换机。

如图 14-10 所示，多核 CPU 外部附加辅助芯片包括 7 个组成部件，以下分别介绍它们的功能、原理及实现方法。

1. 总线接口控制器

总线接口控制器提供辅助芯片到节点内 CPU 存储总线的接口。总线接口控制器具有双重角色：① 从本地节点内处理器核发起对远地数据请求，它是一个伪内存控制器，要将对应的请求侦听并翻译；② 从远地节点内处理器核

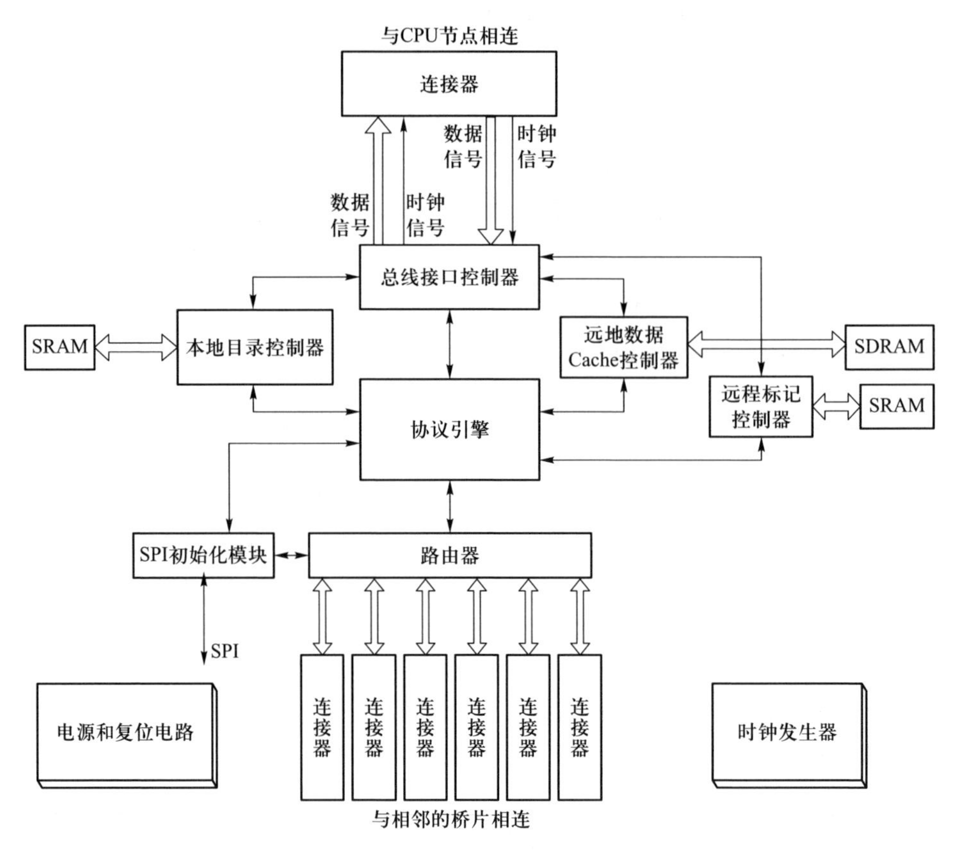

图 14-10　处理器片外辅助芯片结构

发起对本地数据请求，它是一个伪处理器核，要将从节点间互连网路上进入的请求放到本地节点内的存储总线上。作为控制器，该模块通过一个状态机来实现。

2. 远地数据高速缓存与软件定义模块

远地数据高速缓存对节点间的链式目录协议是可见的，节点内的 Cache 对节点间的链式目录协议是不可见的。远地数据高速缓存的内容为节点内高速缓存的远地数据块，是节点内 Cache 数据的子集，进而可设计其容量为节点内 Cache 容量。软件定义模块负责协议引擎固件的写入和路由器路由表的写入。

3. 本地目录与远地标记

本地目录是本地数据块的目录，采用 SRAM 实现，内存控制器结构如图 14-11 所示，由访存调度、时序控制、物理控制、配置控制等模块组成。远地标记用于标记缓存到本地的远地数据块。

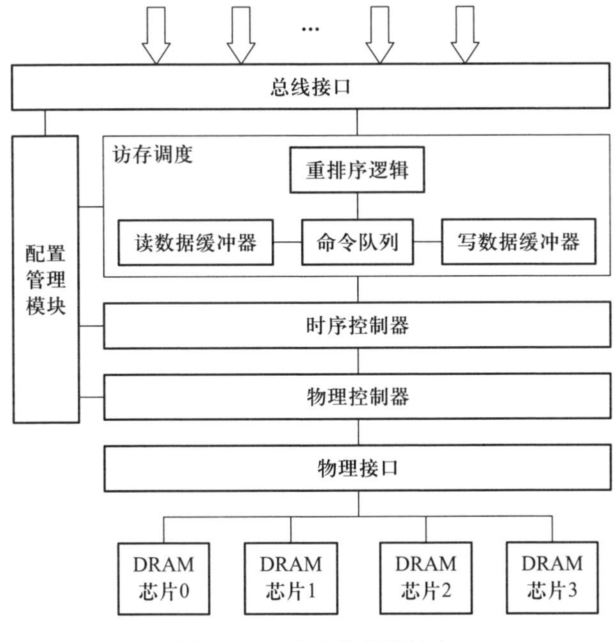

图 14-11 内存控制器结构

4. 协议引擎与路由器

如图 14-12 所示，协议引擎与芯片中的其他部件均有互连，作为可编程协议引擎，管理节点间高速缓存一致协议。

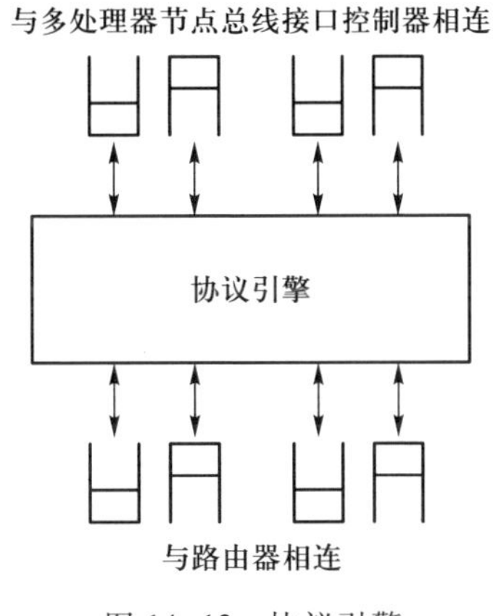

图 14-12 协议引擎

路由器提供到节点间互连网络的接口，将目标为本地节点的消息包提取出来，而其他消息包继续路由。采用虫洞路由的思想，路由器微体系结构如图 14-13 所示。路由器的第一级包括一个输入缓冲来存储作为消息组成单元的微片，其中 w 表示端口的宽度，等于微片的大小。每个输入端口可以存放若干条消息。每个微片的头部几位传给 State 模块来决定微片的类型是 head、body 还是 tail，还有几位用来决定消息的目的。经过查找表的查询，可以确定输出端口，这时一个请求信号就发给轮询仲裁器。

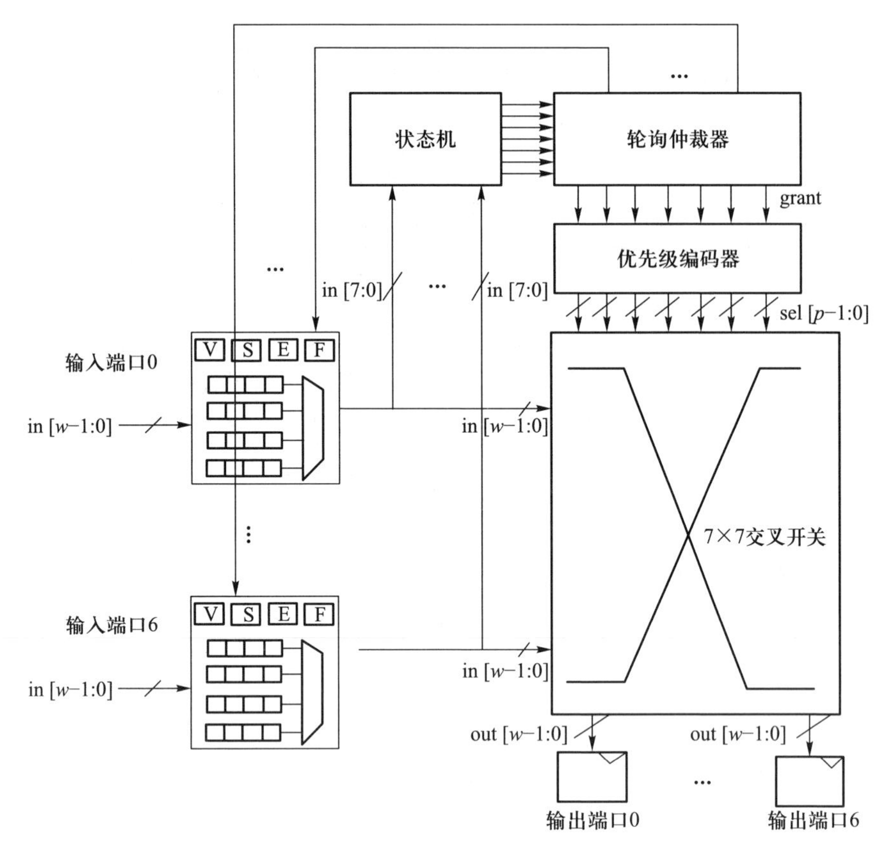

图 14-13　路由器的微体系结构

经过仲裁，轮询仲裁器发送 grant 信号给优先级编码器。优先级编码器连接着交叉开关的输入和输出端口。这样，微片就可以通过交叉开关到达输出端口。仲裁器发送一个 credit 信号给输入端口，于是输入端口就可以从 buffer 中释放下一个微片，下一个微片开始重复与前一个微片同样的过程。系统中节点的数量假设为 64，则需要 6 位来表示每个节点的地址；需要 2 位来表示微片的类型，即它是 head、body 和 tail 中的哪一种。这些加在一起用了 8 位，剩下的位为数据位。微片的结构如图 14-14 所示。

本节所述的 7 个模块，可从以下几个角度去分析。软件定义模块完成初始化功能，其余 6 个模块，从内外部关系上看：总线接口控制器和路由器是向外接出的，前者与节点内的 CPU 互连，后者与其他节点控制器互连，其余 4 个

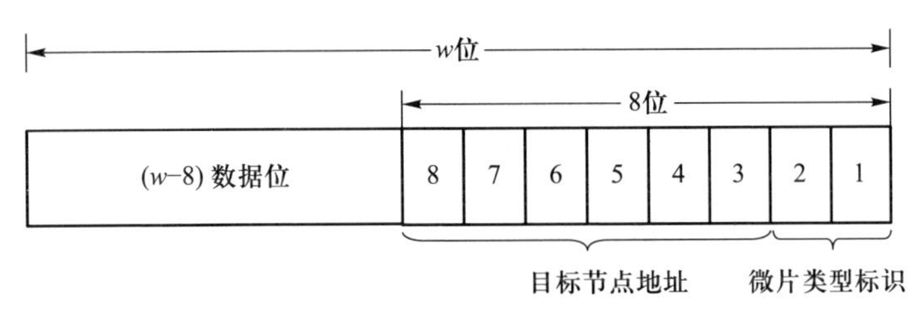

图 14-14 微片的结构

模块处于内部，不向外接出；从实现方式上看：总线接口控制器、路由器和协议引擎属于控制器，可通过状态机实现，远地数据高速缓存、本地目录和远地标记均属于存储器，因为容量处于百兆字节的量级，采用片外 SDRAM 实现。

14.4 目录结构

基于目录协议的多核 CPU 及总体结构，本节遴选出 3 种，它们都是在不修改 CPU 内部结构的前提下进行设计，每个目录项的解释方式有所变化。下面分别对它们进行简要分析，最后通过使能选择对它们进行综合。

14.4.1 全映射与粗糙向量结合的结构

全映射与粗糙向量结合结构，每个目录项的解释方式从全映射变化为部分位解释为全映射，部分位解释为粗糙向量。这样，在修改处理器结构的前提下，通过外加辅助芯片，实现了共享存储结构的扩展，但缺点是扩展的规模仍是较为有限的。

一个多核处理器与一个插入节点相连时，系统的扩展规模上限是 48 核，可扩展规模具有一定的局限性。

14.4.2 全映射与有限指针结合的结构

全映射与有限指针结合结构，每个目录项不再全是全映射，而是部分位解释为全映射，部分位解释为有限指针。因为处理器本身的目录结构没有修改，这种解释需要外部辅助部件配合，即全映射+有限指针是处理器与外部辅助部件配合后虚拟出的解释方式。

龙芯 3A 的 32 位目录项中的 8 位用于片内高速缓存块共享者的表示，剩余的 24 位中有 12 位可用于指针的表示。如有限指针的数量为 2，则每个指针的宽度为 6 位，可表示 64 个节点；如有限指针的数量为 4，则每个指针的宽度为 3 位，可表示 8 个节点。这样设计的意义在于：如果可扩展的共享存储体系结构的规模可塑，则能较好地实现体系结构与应用的匹配，达到高效能的目标。

通过有限指针的宽度和数量(两者之积为常数)的配置，可灵活调节共享存储结构的扩展规模。

14.4.3 全映射与链式指针结合的结构

上节分析的全映射+有限指针结构因指针数量有限，需要处理可能发生的溢出情形，因此，避免溢出成为研究的目标。本节拟考虑通过分布式链式目录的思想解决。链式目录是基于 Cache 的目录结构，通过将目录信息分布到共享者本地来表示共享者。链式目录的实现涉及内存控制器和 Cache 控制器，虽然以不修改 CPU 芯片的结构作为设计的边界条件，但是从思想上去把握分布式链式指针的实质，或许就可以在新的处理器结构基础上进行有效可行的设计。

将 CPU 结构的末级高速缓存目录项部分位作全映射解释，这些位用于表示 CPU 芯片中的本地私有高速缓存是否为共享者；剩余的 24 位中使用 Data cache 对应的 12 位(也可以只使用一部分，如果全部使用，可以表示 4096 个节点，每个节点可以是多核)作为头指针，指向第一个共享节点，共享节点中有对应的前驱和后继指针，且有进一步精确表示本地共享者的目录项。共享节点中前驱和后继指针以及本地目录项具体实现在外部辅助芯片中。

这种结构的优点是可扩展性较好，缺点是：① 每个数据块对应的目录项中的前驱和后继指针有一定的存储开销，② 分布式的链表结构进行插入、删除等操作时对时序控制的要求很高，存在大量的需要管理的处于稳定状态之间的过渡状态。

14.4.4 具有使能功能的混合目录结构

多核 CPU 芯片中的末级高速缓存目录项无论采用全映射+粗糙向量、全映射+有限指针还是全映射+链式指针结构，都能够进行共享存储结构的扩展，但从扩展能力的角度看，区别在于：一是 3 个方案的扩展速度依次增加，每个区域中不需要包括太多的 CPU 芯片；二是引发的消息流量第二个方案最大(它要处理可能溢出的情形，以及较多的消息流量区域完成对共享者的表示)，第一个最小，第三个方案居中，具体数量上的差别程度与应用有关。这样，可以根据规模、每个节点的多核 CPU 数量等具体要求，在不同的方案中进行选择。

为了在大规模情形时充分保证性能，可使每个插入节点只连一个 CPU 芯片，即 $m=1$，同时插入节点之间采用交叉开关互连。m 取值为 1 是为了聚合，即把多个 CPU 芯片连到一个插入节点上。m 值较小可以减少对插入节点的争用。

这个共享存储体系结构具有递归自相似性。充分利用了交叉开关的一跳路由和对同一端口访问所具有的仲裁功能，所以不再需要引入专门的仲裁逻辑，结构较为简洁，设计复杂度也较低。这种结构称为具有使能的混合目录。

桥片完成一致性控制和互连两个功能，由插入节点、交叉开关和电源/时钟三部分组成，总体结构如图14-15所示。每一个插入节点对应机群形态的一个节点，经过桥片互连之后具有缓存一致的共享存储性质。

每个插入节点对外通过HTX连接器连接一个多核CPU，对内分别使用一组AXI主端口和一组AXI从端口，主端口用于本地CPU芯片内处理器核和其他CPU芯片中的二级高速缓存之间的协议通信；从端口用于本地CPU内二级高速缓存与其他CPU芯片中的处理器核之间的协议通信。插入节点之间通过交叉开关互连，避免了多跳中继路由的延迟开销。

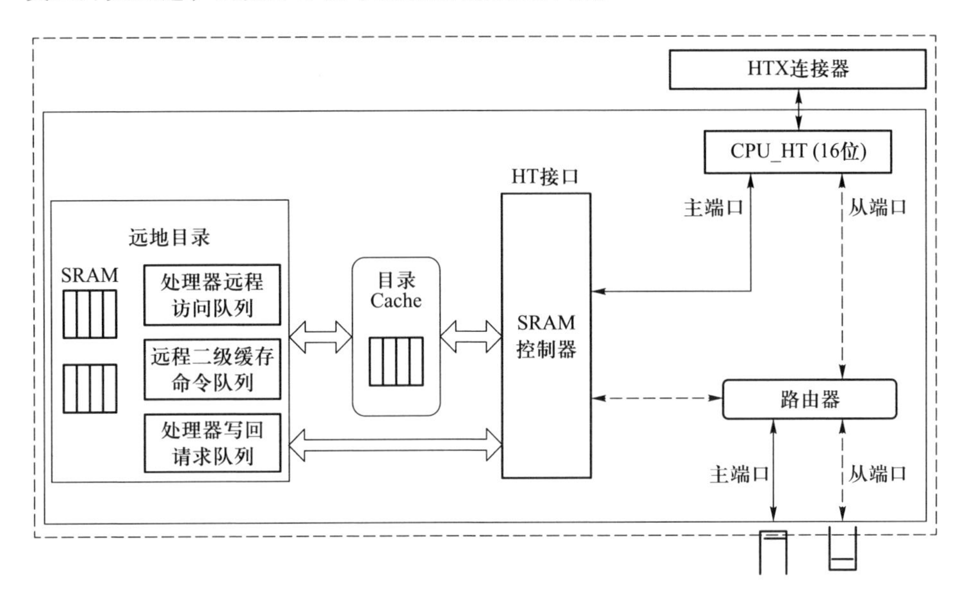

图14-15 桥片结构

下面分析远地目录部件，它属于与多核CPU特性相关的部件。远地目录由目录存储体和访问队列两部分组成。

1. 目录存储体

远地目录部件每个插入节点中的SRAM目录存储的是该插入CPU芯片中所有私有Cache中所使用的远地二级高速缓存块的备份状态。

目录存储体中的目录项可以采用各种结构，以位向量目录结构为例，目录项需8b以记录芯片内4个处理器核状态，项数为芯片内以及高速缓存的项数之和。

为了记录插入节点中所有处理器核的私有高速缓存信息，插入节点目录存储体采用32路组相连。

为了保证所有私有高速缓存中的不同高速缓存块不会因为在Bridge-HT目录的容量或者冲突导致替换，组索引位相同但地址不同的所有高速缓存块都必须在 Bridge-HT 目录中维护。插入节点目录存储体的组索引位与处理器一级高速缓存保持一致，即 9b。

2. 访问队列

访问队列包括处理器远程访问队列、远程二级高速缓存命令队列以及处理器写回请求队列等 3 个队列，依次处理插入节点中处理器核在读请求通道上的消息、在读响应通道上的二级高速缓存命令消息以及在写请求通道上的消息。

（1）处理器远程访问队列：用于缓存读请求通道上的请求，记录每个本地处理器发出的远程访问请求号和请求源等信息，并将该请求的请求源改为插入节点编号再向目标末级高速缓存节点转发。而当收到末级高速缓存对该请求的响应后，在远程访问队列中查找该原始请求项，再根据目标地址、高速缓存状态等对二级目录中的相应目录位和状态位进行更新。远程访问队列中的请求项只在收到响应之后才被删除，这时整个请求处理完成。

（2）远程末级高速缓存命令队列：用于维护读响应通道上除了读响应之外的三种末级高速缓存命令(无效、写回、写回并无效)，这些命令是处理末级高速缓存向该插入节点发出的各种状态降级请求。在收到末级高速缓存发出的目标地址为本插入节点的末级高速缓存命令时，首先在二级目录中查找对应项，然后使用该项所记录的位向量信息对拥有该高速缓存块备份的处理器核依次转发此末级高速缓存命令。队列中的对应项在对所有拥有该备份的处理器核转发命令之后就会被删除，剩余的协议交互部分由处理器写回请求队列继续处理。

（3）处理器写回请求队列：用于维护 AXI 写通道上的请求和响应(由处理器核主动发起的高速缓存块替换操作和为响应末级高速缓存命令而发出的无效、写回、写回并无效请求)。队列收到一个请求时，在插入节点中的远地目录中查找该项，判断位向量中是否仅有这个请求源一个备份，如果仅有一个备份，则将对应项做相应的状态变更，并将这个操作的请求源改为插入节点的编号再转发至远程末级高速缓存节点。

接下来需要设计协议。系统中 CPU 的结构没有做任何的修改，所以 CPU 中私有高速缓存和末级高速缓存的行为保持不变。在小规模系统中，CPU 相互直连，维护高速缓存一致不需要任何外部的辅助硬件。在新的共享存储体系结构下，也就是说为了扩展高速缓存一致的处理器规模引入了处理器片外辅助芯片，需要解决的问题是处理器片外辅助芯片要做哪些工作与 CPU 相配合来维护体系结构中的高速缓存一致。

插入节点不仅连接 CPU 芯片，还与其他插入节点互连，因此插入节点需要分别对所连 CPU 和其他插入节点的请求或响应进行处理。我们设计了桥片中插入节点应遵循的协议，并分析了这个协议的正确性和非冗余性。首先，协议应是正确的，插入节点要能处理所有收到的消息；其次，协议在具体内容上的各项要求应该是非冗余的。

本节研究和设计了基于目录协议和 HT 总线的 CPU 的可扩展共享存储体系结构，设计了基于桥片的可扩展共享存储结构和协议，解决了如何在不改动目录协议和 HT 总线处理器内部结构的前提下以机群形态实现 cc-NUMA 结构的问题。

14.5 相关工作

基于多核 CPU 的共享存储体系结构使得相应的目录结构具有多层次、分布式的特点，共享存储体系结构的设计空间包括目录结构的设计。对于设计空间中的一种目录结构，数据所有权变更引起的消息传递对于同一层次访问和跨层次访问，本地访问、近地访问和远地访问具有不同的延迟开销。从这个角度，扁平协议[2]可能没有优势，本章采用的多层协议相对具有优势。

附加辅助芯片的共享存储总体结构，曾被一些机器采用[3]，但当时所基于的处理器与当今的多核处理器有结构上的本质区别。当前业界也有尝试 CPU 外辅加芯片的思路[4]。

对于基于目录协议和 HT 总线多核 CPU 的可扩展共享存储结构，全映射+粗糙向量的思路在中科院计算技术研究所王焕东的博士论文[1]中采用。有限指针、链式指针主要用于早期的单级目录中[5]，直接应用这些结构，需要修改多核 CPU 内部结构。本章提出的全映射+有限指针、全映射+链式指针的特点在于：都是在不修改多核 CPU 内部结构的前提下进行的设计。因为处理器本身的目录结构没有修改，这种解释需外部辅助部件配合通过消息传递实施，即这两种思路都是处理器与外部辅助部件配合后虚拟出的解释方式。

NUMA Scale[4]和 NUMA-Q 以及其他基于 SCI 协议的结构都采用了分布式链式指针。全映射+链式指针与它们的区别之处在于：① 节点内、节点间是一个协议而不是两个协议；② 相对于目录存放于主存，多核 CPU 末级高速缓存目录的存储开销小；③ 目录项中的每个指针内部采用位向量目录对共享者进一步指示，这样对高速缓存行共享者的标识精度有了显著提高。

14.6 结束语

本章围绕当前与未来多核 CPU 背景下的可扩展共享存储体系结构的设计展开研究，从高速缓存一致的原理出发，分析国内外已提出的实现方案和代表系统[5]，分析归纳基于多核 CPU 的分布式共享存储体系结构的理论构思方法，研究了基于目录协议和 HT 总线的多核 CPU 的可扩展共享存储体系结构，设计了目录结构和互连结构这两个关键部件。

得到的总结论为：基于多核 CPU 的可扩展共享存储体系结构的设计是必要的且是可行的。这里可行的设计是指 CPU 外部附加辅助芯片的硬件方法，同时结合 CPU 结构和总线的特点，围绕对远地数据的高速缓存，通过结构设计、预取和替换、一致控制来提高远地访问的高速缓存命中率，需要通过精心设计目录结构和互连结构为获得较小的平均访问延迟奠定基础，即通过有重点的全面设计实现良好的性能可扩展性。

展望未来共享存储体系结构的发展方向，我们认为以下应是研究的重点：

(1) 应用要获得性能上的加速，基本的方式是并行，应用扩展的瓶颈主要在于负载均衡、有限的并行度、同步、数据局部性，这些对于共享存储体系结构和非共享存储体系结构都是共同的问题。同时应注意到，外加的硬件结构使得这些问题的边界条件有所放松，如桥片中的 Remote Cache 可研究通过预取等技术改善数据的局部性。

(2) 由于工艺等技术的进步，诸如加密等很多领域开始专用芯片的研制，但与早期的专用芯片不同，这些芯片也具有较弱的通用处理能力，针对此形势，本章提出的 CPU 外实现的辅助芯片一种可能的思路是辅助芯片也以 IP 的形式出现。

(3) 本章就具有高速缓存一致控制和互连功能的多核 CPU 片外辅助芯片完成了结构和协议设计，并对其中的若干模块通过 FPGA 进行了实现和验证。但注意到芯片的研制是一项极为复杂的系统工程，需要大量的时间和经费投入。鉴于该芯片具有较高的研制难度和较好的商业前景，未来应从知识产权和市场战略的角度出发，抓紧这方面的研究和开发进程。

思考题

14.1 维护高速缓存一致性对提高可编程性有什么意义？

14.2 思考可编程性与性能之间是否存在矛盾。

参考文献

[1] 王焕东. 基于多核处理器的可扩展 cc-NUMA 结构研究[D]. 北京：中国科学院研究生院，2010.

[2] Agarwal A, Bianchini R, Chaiken D, et al. The MIT Alewife Machine: Architecture and Performance[C]//Proceedings of the 22nd Annual International Symposium on Computer Architecture, Barcelona, ACM Press, 1998: 509-520.

[3] Laudon J, Lenosky D. The SGI Origin: A CC-NUMA Highly Scalable Server

[C]//Proceedings of the 24th Annual International Symposium on Computer Architecture, Denver, 1997, 25(2): 241-251.

[4] NUMAScale [EB/OL].

[5] Lovett T, Clapp R. STING: A cc-NUMA Computer System for the Commercial Marketplace[C]//Proceedings of the 23rd Annual International Symposium on Computer Architecture, Philadelphia, IEEE Press, 1996: 308-317.

15 从多学科角度审视标签化冯·诺依曼体系结构

15.1 引言

不同规模的计算机系统都有一个共同的目标：为应用程序提供高质量的服务，而实现这一目标往往因为应用的多样化、并发性、系统资源的有限性等多种因素而具有挑战性。

如何构建具备抑制无序能力的计算系统，是一个重要问题。本章探讨机器智能、悖论、元数学、哲学反思、系统熵之间的本质联系，从多学科的角度说明标签化冯·诺依曼体系结构的必要性。

一个封闭的计算系统具有固定种类和数量的资源，由于资源争用，数据访问或服务请求的高度并发性往往伴随着性能的不确定性。这一现象在数据中心这样的大规模分布式系统中显而易见，在多核或众核处理器组成的单个计算机节点中也经常发生。

一个封闭的计算系统所能完成的满足功能或性能要求的并发任务数量存在一个上限。这个上限是一个天花板，我们需要找到造成天花板的根源，如果不能彻底击碎这个天花板，就需要把这个天花板推得越高越好，也就是使得有限资源构成的计算系统能满足尽可能多的并发计算任务或服务请求。

数据中心作为一个整体，是由多个计算结点互连构成的计算机网络，作为组成单元的每个计算结点内部也是一种计算机网络。传统的计算节点之间网络上的数据包都是带有标签的，文献[1]从工业界数据中心存在的问题出发，为多核或众核处理器芯片提出了标签化冯·诺依曼体系结构，在工程上取得了抑制性能不确定性的显著效果。标签化冯·诺依曼体系结构在经典冯·诺依曼体系结构的基础，进行了如下改进和增强：一是区分(Distinguish)不同数据访问的处理器来源；二是隔离(Isolate)不同的处理器；三是根据需求优先化(Prioritize)不同的处理器。这三种能力被简称为DIP，或者说DIP是一种使能技术。

我们对系统 S 施加了观察和控制(区分、隔离、优先化)，这时的系统是一个新的系统 S'，这个过程可以一直进行下去，依次生成 S'' 乃至更多更强的系统。我们发现这种结构具有必然性，与经济学原理、递归、数理逻辑学中的悖论(*Paradox*)、作为数学基础的元数学、哲学中的反思、系统科学中的熵、物理学中的守恒定律都有联系。

本章接下来从多学科的角度进行探讨。

15.2 从生理学和经济学的角度

图灵在《计算机器与智能》一文中提到了海伦·凯勒。海伦·凯勒在幼年即失去听力和视力，但仍然可以学习，并取得了远远超出常人的卓越成就，海伦·凯勒在《假如给我三天光明》中说过这样一段话："有视觉的人，他们的眼睛不久便习惯了周围事物的常规，他们实际上仅仅注意令人惊奇的和壮观的事物。然而，即使他们观看最壮丽的奇观，眼睛都是懒洋洋的。"

这可以从生理学和经济学两个角度来考察。从生理学角度看，如果一个人长时间保持对很多事物好奇的状态，这个人很快就会疲劳，具体地说，越来越多的信息涌入他的头脑，他的多巴胺等化学物质将快速地消耗殆尽，也就是说，他之前赖以兴奋好奇的物质基础没有了或减少了，神经系统处于抑制的状态。

从经济学角度看，薛兆丰教授在其著作《薛兆丰经济学讲义》[4]第9讲和第10讲中提到经济学大厦建立在"稀缺"(不是"人本理性"，也不是"人本自私")的基础上才最稳固。由于资源总是稀缺的，人们在利用有限资源的时候，就不得不对资源的用途进行选择；而每次选择时，都必须采取某种标准，就意味着存在区别对待。

把上面两个角度结合起来：由于赖以支撑好奇心的多巴胺等化学物质资源是稀缺的，人们必须对这些资源的用途做出选择；而每当要做选择时，都必须采取某种选择的标准，就像海伦·凯勒所说的那样"眼睛实际上仅仅注意令人惊奇的和壮观的事物"，眼睛对于其他事物就存在区别对待。

区别对待也是标签化冯·诺依曼体系结构的思想：由于计算机系统资源包括处理器、存储、输入输出等是有限的，面对高并发的用户请求，有限的资源不能同时满足而出现资源稀缺，计算机系统必须对这些资源的用途做出选择；而做选择就必须采取某种标准，如优先满足更重要更紧急任务的资源需求，计算机系统对于其他任务就存在区别对待，以低优先级的方式响应。

15.3 从数理逻辑的角度

艾伦·图灵在《计算机器与智能》一文中写道："机器必定无法回答的问题是下述这类问题：'考虑有以下特点的机器……这台机器会不会对任何问题做

出'Yes'的回答?'这里省略的是对某台标准形式机器的描述。如果所描述的机器与那台被提问的机器具有某些相对简单的联系，那么，我们就能知道，答案不是错了，就是没有答案。"

图灵上面说的是"自指"(Self-reference)导致悖论。"罗素悖论"是由哲学家、数学家、逻辑学家、历史学家和文学家罗素发现的一个集合论悖论，其基本思想是：对于任意一个集合 A，A 要么是自身的元素，即 $A \in A$；A 要么不是自身的元素，即 $A \notin A$。正是这个"罗素悖论"导致了第三次数学危机。根据康托尔集合论的概括原则，所有不是自身元素的集合构成一个集合 S，即 $S = \{x: x \notin x\}$。也就是说，构造了一个集合 S，S 由一切不属于自身的集合所组成。那么，S 是否属于 S 呢？根据排中律，一个元素或者属于某个集合，或者不属于某个集合。但对这个看似合理的问题的回答却会陷入两难境地：如果 S 属于 S，根据 S 的定义，S 就不属于 S；反之，如果 S 不属于 S，同样根据定义，S 就属于 S。无论如何都是矛盾的。

著名的"理发师悖论"也存在自己无法论述自己的矛盾。有一位理发师说："我将为也只为本城所有不给自己理发的人理发"。那么，他给不给自己理发？如果他不给自己理发，他就属于"不给自己理发的人"，他就要给自己理发，而如果他给自己理发呢？他又属于"给自己理发的人"，他就不该给自己理发。类似地，有书目悖论：一个图书馆编纂了一本书名词典，它列出这个图书馆里所有不列出自己书名的书。那么，它列不列出自己的书名？

我们现在举一个计算机不可计算或判定的问题——停机问题。对于任意的图灵机和输入，是否存在一个算法，用于判定图灵机在接收初始输入后可达停机状态。若能找到这种算法，停机问题可解；否则不可解。停机问题的答案是否定的。可以用反证法证明，就是说，先假设存在这样的测试程序，然后再构造一个程序，该测试程序不能测试。假设存在测试程序 T，当输入程序 P 能终止时，输出 $X=1$；当输入程序 P 不能终止时，输出 $X=0$。

我们总能构造这样一个测试程序 S，当 P 终止时，S 不终止；当 P 不终止时，S 终止。

这样，如果我们把 S 当作输入(S 本身的输入)，就会得出一个悖论：当 S 能终止时，S 不终止；当 S 不能终止时，S 终止。

15.4 从编码学的角度

标签对于涉及数量众多对象的复杂系统来说，是必须的，也是可能的。内格尔和纽曼在《哥德尔证明》[5]中对哥德尔不完备定理的原文进行了解析："首先，哥德尔表明给每一个原始符号、每一个公式(或符号串)以及每一个证明(公式的有限序列)都指定一个独一无二的数是可能的。这个数可以看作是一种区别用的标签，被称为符号、公式或证明的‘哥德尔数’。”在哥德尔证明中，哥德尔数是一种区分逻辑系统中众多对象的工具。同样，身份证号、学生证号、商品的二维码，等等，都起到标签的作用。

例题：阅读文献，思考什么是哥德尔数，说明如何翻译“每个自然数都存在一个直接后继”，进而说明引入哥德尔数的意义。结合图灵的图灵机，说明模型对思想推演和表达的意义。

解答：一种特定的语言形式，有其擅长表达的思想内容，也有其不擅长表达的思想内容，甚至不能表达的思想内容。我们提出形式与内容相互制约 的观点。人类大脑的想象能力、理解能力往往超过语言表达能力，想象到了、理解到了，但无法准确、全面地用语言表达出来。

图灵通过构思出的图灵机进行思想推演和表达，哥德尔通过创立哥德尔数进行思想推演和表达。一般地说，图灵机、哥德尔数都是模型，都是人为构造的用以诱发思想的基础设施。哥德尔想对一切命题、一切真理进行编码，有了唯一的编码，后面的推演就严格、准确了，思维对象的精度就大大提高了。例如“每个自然数都存在一个直接后继”这个命题可以表达为$(\exists x)(x=sy)$，每个符号对应的哥德尔数如下所示：

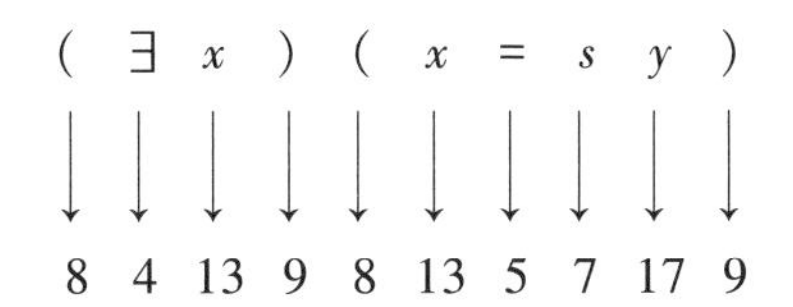

命题中每个符号都对应唯一的一个哥德尔数；然后根据算术基本定理，给整个公式赋予一个唯一的哥德尔数：

$$2^8 \times 3^4 \times 5^{13} \times 7^9 \times 11^8 \times 13^{13} \times 17^5 \times 19^7 \times 23^{17} \times 29^9$$

□

算术基本定理可表述为：任何一个大于 1 的自然数 N(N 不为质数)可以表示成 $p_1^{m_1}p_2^{m_2}\cdots p_k^{m_k}$，其中 p_1，p_2，…，p_k 是不同的质数，指数 m_1，m_2，…，m_k 均为正整数，如果不考虑因子的顺序，这个表示法是唯一的。这个定理在哥德尔不完备定理的证明过程中发挥了重要作用。

15.5 从元数据和元数学的角度

元数据是描述数据的数据，是对数据的观察、分析和归纳。元数学是一种将数学作为人类意识和文化客体的科学思维或知识，即元数学是一种用来研究数学和数学哲学的数学。

例题：判断下列命题属于数学还是元数学：① 1+2=3；② “1+2=3”是一个算术公式；③ 0=1；④ “x”是一个变量；⑤ “0≠0”不是形式系统 X 的定理。

解答：①③属于数学，它们完全是用数学符号构建出来的，都是研究的对象本身。②④⑤属于元数学，它们是关于研究对象的讨论。□

因为能力的局限，往往在讨论系统时容易出现悖论那样的纠缠不清的问题。“剧中人”往往不像“剧作者”那样全面地掌握信息，因而不能像“剧作者”那样清醒和自觉，“不识庐山真面目，只缘身在此山中”，所以我们需要在系统外部对系统做一些观测，这就是“元”的思想，例如对于数学的外部观测就是元数学，对计算机数据访问的外部观测就是元数据，这也是标签化冯·诺依曼体系结构 DIP(可区分、可隔离及可优先调度)这三种能力从元数据角度必然需要的原因。

根据丘奇(Church)论题，递归函数就是可计算函数。递归就是在定义自己时又使用了自己。内格尔和纽曼在《哥德尔证明》[5]有这样一段话：“正如我们将要看到的那样，将一个字符串的哥德尔数带入这个字符串本身(然后取结果的哥德尔数)这么个看似绕圈子的概念是哥德尔关键性的想法之一，他也付出了极大的努力来使读者确信这个函数是直接可计算的，因而是原始递归的，并在对应引理的适用范围之内。我们将用记号‘$sub(x, 17, x)$’来代表新哥德尔数，它是老哥德尔数 x 的函数。尽管说起来有些饶舌，我们还是可以准确地讲出这个数是什么：它是取一个哥德尔数是 x 的公式，其中凡是有变量 y 出现的地方均用 x 的数字替换而得到的新公式的哥德尔数。”

可以看到，在一定时候当命题讨论自己的时候，这个命题不可证，也就是不可证实，也不可证伪。为了让系统具有强大的能力，系统需要来自外部的观察和控制，也是标签化冯·诺依曼体系结构所遵循的思想。

15.6　从系统科学的角度

系统的封闭性是系统能力有限性的根源。合外力、合力矩为 0，都是系统封闭性的体现。在合外力为 0 时，动量守恒；在合力矩为 0 时，角动量守恒。标签化资源管理及性能优化都是产生“合外力”或“合力矩”，让系统远离平衡态，这也是普里高津耗散系统的思想。

我们以尺规作图来说明封闭系统能力的局限。尺规作图起源于古希腊的数学课题，只使用圆规和直尺，并且只准许使用有限次，来解决不同的平面几何作图问题。尺规作图不能问题就是不可能用尺规作图完成的问题，这其中最著名的是被称为几何三大问题的古典难题：① 三等分角问题：三等分一个任意角；② 倍立方问题：作一个立方体，使它的体积是已知立方体的体积的两倍；③ 化圆为方问题：作一个正方形，使它的面积等于已知圆的面积。直至 1837 年，法国数学家 Wantzel 才首先证明三等分角和倍立方为尺规作图不能问题。1882 年德国数学家 Lindemann 证明 π 是超越数，化圆为方也被证明为尺规作图不能问题。钱学森在1990年撰文强调系统开放性的重要意义[7]。

高熵对应的是具有很多微观态的宏观态，低熵对应的是具有很少微观态的宏观态，“曲高和寡”“学如逆水行舟，不进则退”，这些现象都蕴含着这样的思想。克劳修斯熵、玻尔兹曼熵、香农熵、云计算熵，形式不同，但思想是相通的。在数据中心，有限的资源像一个公共的池子(有时被称为资源池)被很多请求使用，在没有任何控制的情况下，这些请求相互争用资源，对应着很多的微观态，因此属于高熵；我们期望达到一种“请求的轻重缓急得到充分兼顾、各得其所”的宏观状态，这种宏观状态对应的微观态很少，因此属于低熵。

系统的整体具有系统各部分所不具有的性质，是系统的整体性。系统内部与外部的分别，是系统的边界性。系统的边界性隶属于系统的整体性，系统的整体性是系统的灵魂。例如，人是一个系统，人的整体性对内表现为人具有其各个器官单独所不具有的性质，对外表现为人与环境有清晰的界限。

15.7 从哲学的角度

哲学的思维方式是反思[8]。反思是指以自身为对象反过来而思之。

现代哲学家冯友兰在《中国哲学简史》[9]开篇就写道：“我所说的哲学，就是对于人生的有系统的反思的思想”“哲学家必须哲学化；这就是说，他必须对于人生反思，然后有系统地表达他的思想”“这种思想，所以谓之反思的，因为它以人生为对象。人生论、宇宙论、知识论都是从这个类型的思想产生的。宇宙论的产生，是因为宇宙是人生的背景，是人生戏剧演出的舞台。知识论的出现，是因为思想本身就是知识。”

当代哲学学者孙正聿在《哲学通论》[8]中指出，在人类思维的这种反思活动中，作为感觉和直观、想象和意志的全部精神活动，以及这些精神活动的全部对象，都在思维的统摄下成为反思的对象。

如果说计算系统中正在进行的数据访问是计算系统的思想的一部分，那么DIP就是对思想本身的思想，是一种计算系统本身的反思。

15.8 从管理学的角度

2019年华为公司出版了一本阐述熵减思想的书[10]，系统阐述了任正非管理的核心思想。该书给出了华为的活力引擎模型。企业是一个系统，其自然走向是热力学第二定律的熵增，即组织懈怠、流程僵化、技术创新乏力及业务固定守成。为了实现企业的生存和发展，克服或者对冲企业因为自发的熵增导致的走向衰败的趋势，必须减熵，其中一个办法是开放合作，吸收外部能量。DIP就是对现有系统的增强。

15.9　结束语

如何构建具备更强能力的计算机系统，是一个重要问题。标签化冯·诺依曼体系结构是让传统的计算系统具有一定的反思能力，从多科学的角度标签化冯·诺依曼体系结构，有助于我们更好地理解和设计标签化冯·诺依曼体系结构，探讨递归、机器智能、悖论、元数学、哲学及系统熵之间的本质联系，从而有助于多学科的融合。

当从多个学科的视角发现相似或相同的结构时，这种统一性是值得重视的。保持系统的开放性、保持对系统的外部观测和管理及保持对系统逐级上升的抽象对于设计系统具有重要意义。更为重要的是，系统的概念具有普适性，诸如互联网、数据中心、片上系统、领域专用处理器等都是系统，本章论述的内容对于研究智能、意识的本质，对于设计具体的系统结构，均具有一定的启发意义。

思考题

15.1　封闭系统为什么一定导致能力的限制？一个封闭的计算机系统在处理任务方面存在哪些限制(在数量和种类上，以及在处理任务的质量上)？

15.2　如果期望一个计算机系统具有较高的吞吐量，那么该系统能否兼顾单个任务的时延？思考标签化冯·诺依曼体系结构的意义，以及如何深入开展微观的设计。

参考文献

[1]　Bao Y G, Wang S. Labeled von Neumann architecture for software-defined cloud[J]. Journal of Computer Science and Technology (JCST), 2017, 32(2): 219-223.

[2]　Xu Z W, Li C D. Low-entropy cloud computing systems[J]. Scientia Sinica Informationis, 2017, 47(9): 1149-1163.

[3]　Turing A M. Computing machinery and intelligence[J]. Mind, 1950, 59(236): 433-460.

[4]　薛兆丰. 薛兆丰经济学讲义[M]. 北京：中信出版集团，2018.

[5]　内格尔，纽曼. 哥德尔证明[M]. 陈东威，连永君，译. 北京：中国人民大学出版社，2008.

[6]　李德毅，刘常昱，杜鹢. 不确定性人工智能[J]. 软件学报，2004，15

(11): 1583-1594.

[7] 钱学森, 于景元, 戴汝为. 一个科学新领域——开放的复杂巨系统及其方法论[J]. 自然杂志, 1990(1): 3-10.

[8] 孙正聿. 哲学通论[M]. 上海: 复旦大学出版社, 2019: 91-96.

[9] 冯友兰. 中国哲学简史[M]. 北京: 北京大学出版社, 2013.

[10] 华为大学. 熵减: 华为活力之源[M]. 北京: 中信出版集团, 2019.

[11] Ma J Y, Sui X F, Sun N F, et al. Supporting Differentiated Services in Computers via Programmable Architecture for Resourcing-on-Demand (PARD) [C]//Proceedings of the Twentieth International Conference on Architectural Support for Programming Languages and Operating Systems (ASPLOS), ACM, Istanbul, 2015, 43(1): 131-143.

[12] Gilbert S, Lynch N. Brewer's Conjecture and the feasibility of consistent, available, partition-tolerant web services[J]. ACM SIGACT News, 2002, 33(2): 51-59.

术语中英文对照

AI(Artificial Intelligence) 人工智能
Algorithm 算法
ALU(Arithmetic Logical Unit)算术逻辑单元
AMAT(Average Memory Access Time) 平均存储访问时间
Application space 应用空间
Architectural Thinking 结构思维
Architecture space 结构空间
Asynchronous 异步
Axiom 公理
Bandwidth 带宽
Big data 大数据
Book of rules 规则书
Branch 分支
Cache 高速缓存
Capacity 容量
Cause and effect 因果
Chip Multiprocessors 片上多处理器
Cloud Computing 云计算
Completeness 完备性
Computability 可计算性
Computable number 可计算数
Computational Thinking 计算思维
Computing Machinery 计算机器
Concurrency 并发性
Concurrent Average Memory Access Time 并发平均存储访问时间
Conscious Turing Machine 意识图灵机
Consciousness 意识
Correctness 正确性
Correlation 相关
Data Thinking 数据思维
Datacenter 数据中心
Data-Level Parallelism 数据级并行
Definability 可定义性
Definiteness 确定性
Directory 目录
DSA(Domain Specific Architecture) 领域专用体系结构
Effectiveness 能行性
Energy 能量
Entropy 熵
Equilibrium 均衡
Exactness 确切性
Feedback 反馈
Finiteness 有穷性
First Principle 第一性原理
Formula 公式
Fundamental Theorem of Arithmetic 算术基本定理
Godel-numbers 哥德尔数
GPU 图形处理单元
Heterogeneous 异构
Historical Thinking 历史思维
Homogeneous 同构
Implication 蕴含
Input 输入
Instruction Set Architecture 指令集体系结构
Instruction Table 指令表
Instruction-Level Parallelism 指令级并行
Intelligence 智能
Label 标签
Latency 延迟
Law of excluded middle 排中律

Layout 布局
Limit 极限
Local 本地
Locality 局部性
Machine Learning 机器学习
Memory Hierarchy 存储层次
Memory Level Parallelism 存储级并行
Memory wall 存储墙
Memory 存储，记忆
Metadata 元数据
Metamathematics 元数学
Metaphysics 形而上学
Methodology 方法学
Mimic 模仿
Modularity 模块化
Moore's law 摩尔定律
Natural number 自然数
Neuromorphic Completeness 神经形态完备性
Object Oriented Architecture 面向对象体系结构
One to one correspondence 一一对应
Output 输出
Paradox 悖论
Parallelism 并行性
Pareto-efficient 帕累托有效
PC(Program Counter)程序计数器
Performance 性能
Prime 素数
Primitive recursion 原始递归
Probability 概率
Programming 编程
Program 程序
Proof 证明
Provability 可证明性
Quality of Service 服务质量
Reflection 反思
Regular tetrahedron 正四面体
Reliability Wall 可靠性墙
Remote 远地
RLP(Request-Level Parallelism)请求级并行
ROB(Reorder Buffer)重排缓冲器
Router 路由器
Second law of thermodynamics 热力学第二定律
Self-reference 自指
Set 集合
SoC(System on Chip) 片上系统
Speedup 加速比
Strategy-proof 防范欺诈
Switch 交换机
Synchronous 同步
System space 系统空间
Tail Latency 尾延迟
Task-Level Parallelism 任务级并行
Thread-Level Parallelism 线程级并行
Timing Sequence 时序
Tradeoff 权衡折中
Training 训练
Turing Machine 图灵机
Uncertainty 不确定性
Vector 向量
Verification 证实
Virtual Machine Monitor 虚拟机监控器
Warehouse Scale Computer 仓库级计算机
Wormhole Routing 虫洞路由

郑重声明